침팬지

침 팬 지

초판 1쇄 2002년 3월 25일

지은이 탬신 콘스터블 | 옮긴이 윤소영
펴낸이 한혁수

편집장 김혜정
편집부 전미연, 김영옥, 정경원, 한주연
디자인 장성윤, 홍인선
마케팅 정대광, 이은숙, 반수규

펴낸곳 도서출판 다림 서울 강남구
역삼동 838-9 거암빌딩 3층
전화 566-9577, 538-2913~4 팩스 563-7739
등록 1997.8.1. 제1-2209호
ISBN 89-87721-47-7 03490

Chimpanzees

침팬지

탬신 콘스터블 지음 | 윤소영 옮김

다림

차 례

숲의 동물들

숲의 동물들

햇빛이 숲 사이로 스며들어 기다랗게 뻗어 있는 이끼 낀 나무 줄기를 비춘다. 수많은 나뭇잎에 조각조각 부서진 보드라운 한 줄기 햇살이 자그마한 얼굴에 내려앉는다. 밤의 잠자리에서 몸을 웅크린 채 어미에 기대어 자고 있는 세 달 된 어린 침팬지이다. 근처의 다른 잠자리에서는, 단잠에서 깨어난 네 살배기 암컷이 나무 줄기를 타고 조심조심 땅으로 내려가더니, 이내 다른 어린 새끼들과 얼려 놀기 시작한다. 어미는 일어나 앉아 어린 새끼가 눌리지 않도록 조심하면서 기지개를 켠다. 그러더니 갑자기 벌떡 일어선다. 새끼는 어미 배에 난 털을 꽉 움켜쥐면서 찰싹 달라붙어 어미가 재빨리 내려오는 동안 떨어지지 않으려 한다.

나무 밑동에서, 어미는 어린 새끼의 털을 깨끗이 손질하면서 노는 데 정신이 팔린 큰딸을 기다린다. 무던히도 기다린다. 벌써 셋째를 키우고 있으니, 그 동안 어미노릇이 어떤 것인지 충분히 알기 때문이다. 열세 살 난 큰아들은 이제 완전히 독립해서 집단 내에서 톡톡히 한몫하고 있다.

◀◀ 침팬지와 사람은 지금은 절멸한 공통 조상으로부터 갈라져 나왔다.
지난 5백만 년 동안 크게 진화한 인류에 비해, 침팬지는 비교적 느리게 변해 왔다.

어떤 하루

침팬지 가족은 틈틈이 먹을 것을 찾아 나무에 오르면서 숲 속을 어슬렁거린다. 보통 몇 시간 동안은 나무 위에서 지낸다. 어미는 짬짬이 땅에서 쉴 때도 있다. 늦은 아침, 어미는 갑자기 멈추어 서서 조심스레 귀를 기울인다. 다시 소리가 들린다. 약 200 m 떨어진 곳에 침팬지들이 모여서 숨을 몰아쉬며 소리를 지르고 있다. 이는 침팬지들이 커다란 과일 나무를 발견했다는 뜻이다. 어미는 걸음을 빨리 했다. 딸도 어미를 따라잡기 위해 종종걸음을 쳐야 했다.

30분 뒤 그들은 커다란 과일 나무에 도착했다. 스무 마리쯤 되는 침팬지들이 말랑말랑한 무화과들을 게걸스럽게 먹고 있다. 낑낑거리는 소리가, 여간 즐겁지 않은 모양이다. 큰아들은 자기 '패거리' 와 함께 나뭇가지 위에 올라가 있다. 그 패거리는, 큰아들이 요즘 함께 어울려 다니는

두 마리의 수컷이다. 어미와 딸은 으뜸 수컷에게 경의를 표하기 위해 좀 떨어진 곳에 자리를 잡는다. 으뜸 수컷은 발정기에 들어간 젊은 암컷에게서 눈을 떼지 못하고 있다. 어미는 나무 위로 올라가면서 몸을 낮게 구부리고 으뜸 수컷의 팔에 살짝 입을 갖다 대면서 '하' 하는 높고 날카로운 소리로 인사한다. 그러고는 자리를 옮겨 먹기 시작한다. 딸이 과일을 잘 따지 못하자, 어미는 자기가 갖고 있던 과일 몇 개를 딸에게 건네준다.

또 다른 높은 서열의 수컷이 도착한다. 그가 으뜸 수컷에게 인사하는 방법은 조금 복잡하다. 두렵다는 듯 이빨을 드러내면서 비명을 지르고, 으뜸 수컷이 손을 뻗어 제 몸을 끌어당길 때까지 몸을 낮게 구부린다. 두 수컷은 먹지도 않고, 상대를 안심시키려고 10분이 넘도록 서로 털을 골라 준다.

갑자기, 귀청이 떨어질 것 같은 소리에 평화가 깨진다. 건장한 수컷 한 마리가 큰 소리로 울부

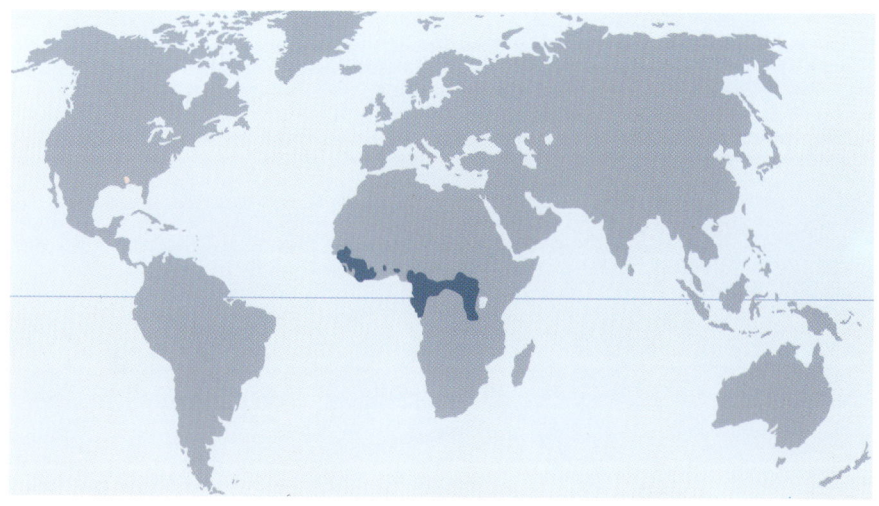

침팬지들은 서아프리카, 중앙 아프리카, 동아프리카의 열대 우림과 삼림 지대에서 살고 있다.

짖으며 달려든 것이다. 그는 몇 주 동안이나 으뜸 수컷에게 도전해 왔다. 도전자가 검은 털을 뻣뻣이 세우고 어깨를 둥글게 구부린 채 관목을 뚫고 돌진하자, 낮은 서열의 침팬지들이 뒤로 물러난다. 으뜸 수컷은 털고르기를 단념하고 위세 좋게 나무 밑으로 내려온다. 다른 침팬지들은 일제히 날카로운 비명과 짖는 소리, 웅얼거리는 소리를 낸다. 으뜸 수컷은 반항하는 수컷에게 과시 행동을 하면서 나뭇가지와 돌멩이들을 집어던지고 나무 줄기를 쾅쾅 내리치면서 자신의 권위를 다시 천명한다. 으뜸 수컷이 존경 문제가 만족스럽게 해결되었다고 느낀 뒤에야 소동이 가라앉는다. 침팬지들은 다시 평온해진다.

배를 실컷 채운 침팬지들은 한낮의 열기 속에서 휴식을 취한다. 두 마리, 세 마리, 네 마리씩 모여 털고르기를 한다. 해가 슬며시 기울자, 작은 무리를 이룬 침팬지들이 숲으로 사라지기 시작한다. 어미와 딸은 언덕 위로 이동한다. 젊은 아들도 그들과 함께 오후를 지낸다. 물살이 빠른 작은 시냇가에 도착하자, 오빠는 누이동생을 등에 태우고 시내를 건넌다. 어미의 기억에 개울 건너편에는 거대한 흰개미 둔덕이 있다. 아직 눈에 들어오지는 않지만 흰개미집에 가까워지는 것을 알 수 있다. 어미는 완벽한 도구가 될 길고 가느다란 나뭇가지를 꺾어든다. 흰개미 둔덕에 도착한 딸은 어미가 나긋나긋한 가지에서 나뭇

◀ 침팬지들은 다른 손가락들과 마주 볼 수 있는 엄지손가락 덕분에, 나무 열매를 따서 껍질을 벗겨 먹을 수도 있다.

▲ 곰비 침팬지들은 흰개미를 특히 잘 잡아먹는다. 어린 침팬지가 능숙하게 흰개미 낚시질을 하려면 몇 년 동안 잘 지켜보고 시행착오 과정을 거쳐야 한다.

 편안한 잠자리를 위해

침팬지는 매일 새로운 잠자리를 만들고 그 위에서 잠든다. 어린 침팬지들은 어미의 모습을 지켜보면서 그 기술을 익힌다. 제일 먼저 할 일은 나무의 선택인데, 과일 나무가 아닌 나무를 골라 9～12m 높이의 든든한 나뭇가지를 받침대로 삼는다. 그 뒤에는 이 나뭇가지에 웅크리고 앉거나 서서 3개의 굵은 나뭇가지를 끌어당긴다. 그리고 가지들을 발로 눌러서 둥그스름하게 엮는다. 그러고는 더 가느다란 나뭇가지들을 엮어서 화환처럼 만든다. 이제 튼튼하고 탄력 있는 잠자리가 완성되었다. 남은 일은 잠자리에 나뭇잎이나 여린 가지들을 깔아서 푹신하게 만드는 것이다. 솜씨 좋은 침팬지는 몇 분이면 잠자리를 완성할 수 있다.

잎 떼는 것을 지켜본다. 그 뒤 어미는 흰개미 둔덕의 표면을 긁어 내서 그 밑의 미궁으로 통하는 수백 개의 구멍 중 하나를 찾아 낸다. 그리고 도구를 그 속으로 찔러 넣고 살살 휘젓는다. 어린 딸은 짧은 나뭇가지를 집어 들고, 진흙에 대고 몇 번 때리다가 싫증이 나는지 오빠와 놀겠다고 어슬렁거리며 가 버린다. 어미는 나뭇가지에 매달린 수십 마리 흰개미들이 떨어지지 않도록 조심하면서 흰개미 구멍에서 나뭇가지를 도로 꺼낸다. 그리고 입술로 나뭇가지를 훑어 흰개미들을 입 속에 쓸어 넣은 뒤 다시 흰개미 둔덕 위로 몸을 굽혀 떠먹으려 한다.

여동생과 잠시 뛰어 놀던 아들은 저만치 가다가 멈춰서 기다린다. 어미는 모른 체한다. 아들은 어미를 쳐다보며 가야 할 시간이라고 알려 준다. 아들은 아직 서열이 높은 수컷은 아니지만, 자신의 어미를 포함한 집단 내의 모든 암컷들보다 높은 지위에 있다. 어미는 하는 수 없이 자리를 털고 일어나 딸을 안고 그 뒤를 따른다. 해가 뉘엿뉘엿 기운다. 침팬지들은 다시 컴컴한 숲 속으로 사라진다. 그리고 잠자리가 될 만한 나무를 찾아 오른다. 몇 분이 지나자 세 개의 편안한 잠자리가 만들어진다. 숲은 어두워지고 어미는 새끼가 잠들 때까지 털을 골라 준다.

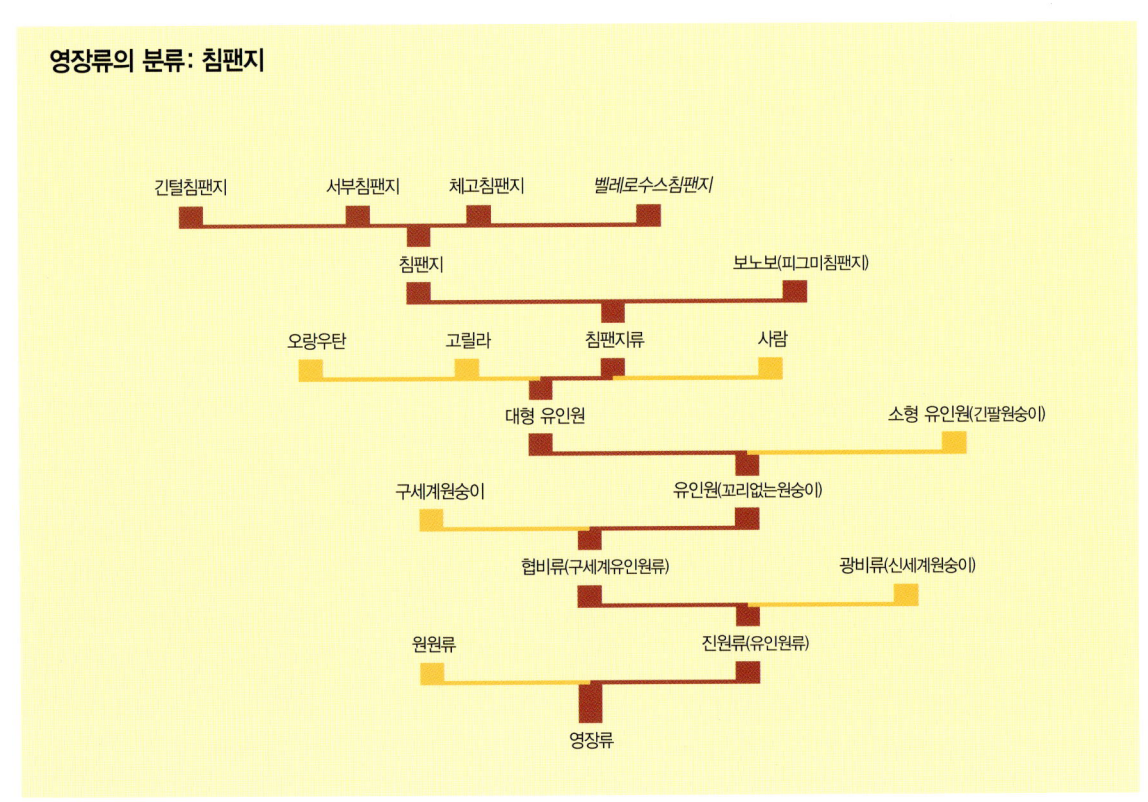

영장류의 분류: 침팬지

침팬지는?

침팬지는 사람들의 흥미를 끄는 동물이다. 그들은 우리 인류와 가장 가까운 살아 있는 친척으로, 인간 진화의 역사에 대한 실마리를 제공한다. 또한 매우 영리해서 기초적인 단어들을 배울 수도 있다. 만일 인류의 역사를 반영하지 않는다고 해도, 침팬지는 그 자체로 우리의 관심을 끌 것이다. 모든 침팬지는 독특하고 복잡한 개체로서, 자신이 사는 생태계와 사회 양쪽에서 발생하는 문제들을 해결하고 적응해 간다. 침팬지들은 또한 그들이 살아가는 데에 도움이 되는 소중한 것을 가지고 있다. 몸의 크기에 비해 매우 큰 뇌를 가졌다. 특히 대뇌의 신피질은 시간이 흐르면서 더욱 확대되었다. 이 부분은 대뇌 반구의 얇은 세포층으로, 뇌에서 '생각'을 담당한다고 볼 수 있다. 커다란 대뇌 피질을 갖고 있기 때문인지, 침팬지들에게는 고정된 행동 양식이라는 게 없다. 따라서 자신의 세계에 대해 유연한 반응을 보일 수 있다. 침팬지들은 기억할 줄 알고, 사물들을 시험하고 선택할 수 있으며, 문제를 풀 수 있다. 주변 환경을 활용해서 더 좋은 결과를 얻는 것이다.

다섯 종의 대형 유인원

유인원(꼬리없는원숭이)이 처음 진화한 것은 2천만 년도 더 된 일이다. 과거에는 지금보다 더 많은 종류의 유인원이 있었고, 많은 유인원들이 현대의 꼬리 달린 보통 원숭이들과 비슷한 생활을 하고 있었다. 대다수 유인원의 몰락을 초래한

침팬지의 긴 유년기는 침팬지의 비교적 큰 뇌가 충분히 성숙할 수 있는 시간을 허락한다.

★ 침팬지는 사는 동안 1만~1만 5000개의 잠자리를 만든다. 그것을 모두 쌓는다면 파리 에펠탑 높이의 11~16배는 될 것이다.

것은 원숭이의 진화였다. 유인원은 잘 익은 과일만 먹는 반면, 원숭이들은 익은 과일과 익지 않은 과일을 가리지 않고 먹을 수 있었다. 풋과일부터 먹을 수 있었던 꼬리 달린 원숭이들은 유인원들보다 더 많은 식량을 차지할 수 있었다. 이렇게 해서 원숭이는 결국 유인원과의 경쟁에서 승리를 거두었다.

오늘날 지구상에 남아 있는 유인원은 두 종류로 나눌 수 있다. 소형 유인원(긴팔원숭이)과 다섯 종의 대형 유인원(오랑우탄, 고릴라, 보노보, 침팬지, 사람)이다. 누구나 알고 있듯이, 인간은 세계 곳곳에 퍼져 살고 있다. 하지만 다른 대형 유인원들은 훨씬 좁은 지역에 분포한다. 오랑우탄은 동남 아시아의 보르네오와 수마트라 섬에만

서식한다. 오랑우탄은 우리와는 비교적 먼 친척들이다. 고릴라는 서아프리카와 중앙 아프리카의 숲에서 산다. 그리고 우리의 가장 가까운 친척, 침팬지와 보노보는 아프리카의 서부, 중부, 동부의 삼림 지대에 산다.

침팬지라고 하면 사람들은 흔히 보통 침팬지를 떠올린다. 그런데 침팬지로 오해하기 쉬운 보노보라는 종이 있다. 보노보는 피그미침팬지라고도 하지만, 침팬지에 비해 아주 작은 편은 아니다. 또 보노보가 사는 곳에서는 그것을 빌리아라고 부르는데, 몇몇 과학자들은 이 이름을 선호한다. 침팬지와 보노보는 여러 면에서 매우 비슷하다. 사실 1929년까지만 해도 그 둘을 같은 종으로 여겼을 정도이다. 두 종 모두 큰 귀와 튀어나

온 입술, 눈 바로 위에 툭 튀어나온 눈썹을 가졌으며, '이합집산' 하는 무리, 즉 작은 단위로 나뉘어 흩어졌다가 금방 다시 모이는 집단을 이루어 생활한다. 그러나 좀더 자세히 들여다보면 금방 신체적 차이를 발견할 수 있다.

침팬지

침팬지는 큰 머리와 넓은 어깨, 굵은 목의 건장한 체격을 갖고 있다. 긴 팔은 일어섰을 때 무릎까지 내려올 정도이다. 네 발로 선 상태에서의 머리부터 몸까지의 길이는 77~92 cm(암컷 70~85 cm)이다. 긴 팔 때문에 어깨에서 엉덩이로 이어지는 등은 구부정하다. 침팬지의 수컷이 두 발로 서 있으면 키가 1~1.7 m에 이르고, 암컷은 이보다 조금 작다. 수컷의 몸무게는 34~70 kg, 암컷은 26~50 kg이다. 침팬지들은 힘도 세다. 다 자란 암컷이 한 손으로 70 kg의 사람을 들어올릴 수 있을 정도이다. 뇌용량은 300~400 ml (사람의

 대형 유인원들은 사람과 너무 비슷한 점이 많기 때문에, 일부 과학자와 철학자들은 인간의 기본권을 모든 대형 유인원의 범위로 확대해야 한다고 주장한다.

평균 뇌용량은 1400 ml)이다.

갓 태어난 침팬지들은 창백한 얼굴과 새까만 털을 갖고 있다. 시간이 지나면 낯빛은 점점 진해지다가 검게 변하고, 털빛은 연해져서 어두운 갈색이 되기도 한다. 털은 이쪽저쪽으로 삐죽삐죽 자라는데, 암수 모두 늙으면 머리가 벗겨질 수 있다. 침팬지는 50년까지 살 수 있다.

아프리카 여러 지역에 사는 침팬지들은 서로 조금씩 달라서 과학자들은 그들을 다시 네 개의 아종으로 나눈다. 지리적으로 격리되어 각자 별개의 독립된 종으로 진화하고 있는 개체군들이다. 네 아종은 서아프리카에 분포하는 서부침팬지, 중앙 아프리카의 체고침팬지, 동아프리카에 분포하는 긴털침팬지, 나이지리아의 벨레로수스 침팬지(*Pan troglodytes vellerosus*, 학명만 있음)

들이다.

침팬지들은 매우 다양한 서식지에 살고 있다. 잎이 무성한 열대 우림, 언덕이 많은 삼림 지대, 군데군데 숲이 있는 사바나, 심지어 몇 군데 물가에만 상록수가 자라는 건조한 사바나에서도 산다.

보노보

보노보는 좁은 어깨와 가느다란 목을 가진 호리호리한 몸집 때문에 우아해 보인다. 두개골은 작고 둥근 편이다. 납작한 얼굴에는 붉은 입술과 넓은 콧구멍이 자리잡고 있다. 머리에 난 털은 길게 자라서, 자연히 생긴 가르마 양쪽으로 단정하게 떨어진다. 보노보는 또한 뒷발이 매우 길어서, 네 발로 설 때에는 뒷발을 세우고 엉덩이를 높이 쳐들어 몸을 수평으로 유지한다.

▷ 증거

진화를 연구하는 과학자들은 DNA를 검사함으로써 두 종이 얼마나 밀접한 관계에 있는가를 확인한다. 세포핵 속에 존재하는 DNA는 자손에 전달되는 어버이의 모든 유전 정보를 담고 있다. DNA는 동물이 성장하기 위해 세포가 분열할 때마다 계속 복제된다. 대부분의 DNA는 복제 후에도 전혀 달라지지 않지만, 가끔은 극히 작은 변화, 즉 돌연변이가 몰래 끼어든다. 시간이 흐르면 점점 더 많은 돌연변이가 축적되고, 따라서 같은 종의 개체들도 유전적으로 점점 더 멀어진다. 두 종의 DNA 사이에서 볼 수 있는 차이는 그들이 얼마나 오래 전에 공통 조상을 두었는지를 말해 주는 증거이다. 밀접한 관계에 있는 종들은 같은 속에 속한다. 두 종 모두 판(*Pan*)속에 속하는 보노보와 침팬지의 차이는 0.7 %이다. 고릴라속의 고릴라와 침팬지의 차이는 2.3 %이다. 그렇다면 사람과 침팬지의 차이는 어떨까? 1.6 %에 불과하다. 따라서 침팬지의 가장 가까운 친척은 고릴라가 아니라 우리 인간이라고 할 수 있다. 이는 사람이 침팬지, 보노보와 같은 속에 속한다는 뜻이다.

▶ 다른 발가락들과 마주 볼 수 있는 침팬지의 엄지발가락은 어떤 크기의 나뭇가지에나 잘 매달릴 수 있도록 해 준다.

보노보가 두 발로 섰을 때의 자세는 침팬지보다 꼿꼿하다. 머리부터 몸까지의 길이는 70~83 cm로 침팬지와 거의 같다. 하지만 몸집은 더 작아서 수컷의 몸무게는 37~61 kg, 암컷은 27~38 kg이다. 팔 다리는 더 길고 가슴은 더 작다. 보노보는 자이르의 습한 적도 원시림에만 분포하는데, 사람의 손길이 거의 닿지 않는 지역에서 산다. 야생 보노보의 수는 그리 많지 않다. 많아야 1만 마리 정도로, 실제로는 이보다도 적을 것이다.

개체수의 감소

1만 년 전, 침팬지들은 비가 많이 내리는 적도의 선을 따라 아프리카를 가로지르며 형성된, 넓은 띠 모양의 무성한 열대 우림 곳곳에 흩어져 살고 있었다. 그 열대 우림은 우간다, 탄자니아, 케냐의 커다란 호수들로부터 서안의 대서양에 이르기까지 약 5백만 km²의 넓은 땅을 덮고 있었다. 지금은 벌목 등으로 열대 우림이 파괴되고 있다. 그 결과 침팬지 수는 놀랄 정도로 급격하게 감소했다. 불과 60년 전만 해도, 수백만 마리의 침팬지가 감비아에서 우간다, 남쪽으로는 탕가니카 호수에 이르기까지, 아프리카 대륙의 거의 모든 지역에 분포했었다. 하지만 지금은 약 20만(1만 5천~2만 3500으로 추정됨) 마리만이 자연 상태에 남아 있다. 대부분은 사람들의 손길이 잘 닿지 않는 중앙 아프리카의 열대 우림에서 산다. 자이르, 카메룬, 콩고, 가봉 같은 나라에 속한 곳이다. 어떤 나라들에서는 침팬지들이 완전히 사라져 버렸다.

시간이 없다

10~20년 후면 야생 침팬지가 사라질 수도 있다. 침팬지들의 서식지가 농경지로 바뀌는 데에다, 가봉, 코트디부아르, 콩고 같은 나라들에서는 불법적인 벌목으로 해마다 광대한 삼림이 파괴되고 있다. 야생 동물의 밀매도 침팬지들을 위협하고 있다. 현재 대부분의 연구용 침팬지들은 따로 기르고 있지만, 새끼침팬지들은 애완동물의 밀매 등으로 돈벌이가 될 수 있기 때문에 밀렵꾼들의 표적이 되고 있다. 이런 새끼침팬지들은 8마리 중 1마리만 목적지까지 목숨을 부지하고, 나머지 7마리는 도중에 죽는다고 한다.

▲ 보노보의 얼굴은 태어날 때는
새까맣지만 시간이 흐르면서
연해진다.

◀ 보노보는 침팬지보다
잘 떠들고, 큰 소리로 외칠
때면 팔을 쭉 뻗는다.
목소리도 침팬지보다 훨씬 더
높고 날카롭다.

숲 속의 생활

숲에서의 침팬지의 삶은 도전과 선택으로 점철된다. 짝짓기하고, 새끼를 키우고, 세력권을 지키고, 안전을 도모하고, 사회적인 유대를 돈독히 하는 등의 일이 모두 그렇다. 하지만 그 중에서도 가장 중요한 것은 먹이를 찾는 일이다. 침팬지 집단이 서식하는 전체 영역, 즉 행동권에는 구성원 모두를 먹여 살릴 충분한 먹이가 있어야 한다. 침팬지의 먹이는 주로 과일이다. 과일 나무가 많은 우림에서는 좁은 면적도 많은 침팬지들에게 먹을 것을 제공한다. $1\,km^2$ 면적이 1~5마리의 침팬지를 먹여 살리는 것이다. 이런 숲에 서식하는 침팬지들은 보통 $10\,km^2$ 이내의 행동권을 갖는다.

과일 나무가 흩어져 있을수록, 또는 서식지가 계절의 영향을 크게 받을수록, 행동권은 더욱 넓어져야 한다. 나무들이 멀찍이 떨어져 있는 숲에서는 행동권이 평균 $10\sim50\,km^2$에 달하며, 사바나 지역에서는 평균 $120\sim150\,km^2$에 이른다. 세네갈의 니오콜로-코바 국립공원의 경우, 3%만이 숲으로 덮여 있고 자원들이 너무 희귀해서 $333\,km^2$의 행동권(최대 기록)도 25~30마리가 넘는 침팬지를 먹여 살리지 못한다. 이런 곳의 침팬지들은 $200\sim400\,km^2$에 이르는 지역을 떠돌아다니다가 먹이가 풍부하면 언제든 일시적으로 정착 생활을 한다.

◀ 어린 침팬지들은 다른 침팬지들이 먹는 것을 살펴보면서 먹을 수 있는 것과 없는 것을 구별하는 법을 배운다.

◀◀ 무리가 다른 곳으로 이동할 때까지 식사를 끝내지 못한 침팬지는 과일이 달린 나뭇가지를 꺾어서 가져가기도 한다.

식량 수색대

세 종류의 서식지(열대 우림, 삼림 지대, 사바나) 모두에서 약 50마리의 침팬지가 모여 사는 것이 발견되었지만, 하나의 행동권에서 함께 사는 침팬지의 수는 15마리에서 80마리까지 다양하다. 하지만 이들이 모두 함께 움직이는 것은 아니다.

과일 나무가 많은 지역에서도 침팬지들은 늘 먹이를 찾아 내야 한다는 문제에 직면한다. 같은 숲의 나무들도 종에 따라 열매 맺는 시기가 제각기 다르다. 또 같은 종의 나무들도 서로 다른 시기에 열매를 맺곤 한다. 따라서 어떤 나무 열매를 먹을 수 있을지를 예측하기란 쉬운 일이 아니다. 또 한 그루의 나무에 열리는 열매의 수나 맛에도 뚜렷한 차이가 있다. 이렇게 먹이의 이용 가능성과 품질을 예측할 수 없다는 것은, 거대한

 오늘날 침팬지에는 네 아종이 있다. 하지만 20세기 초에는 모두 14아종의 침팬지가 있었다.

배고픈 침팬지들에 있어 흰개미집은
정신적, 육체적 도전의 대상이 된다.

침팬지 떼가 함께 돌아다니는 것이 그만큼 불리하다는 뜻이다. 먹이를 발견하더라도, 전체가 골고루 나누어 먹기에는 양이 부족하기 쉽다. 게다가 먹이를 발견하지 못 한다면, 모두 헛고생만 하게 된다.

침팬지의 암컷들은 대부분 혼자 또는 어린 새끼와 함께 식량을 찾는다. 그들은 포식동물을 겁낼 필요가 없으므로 무리를 지을 필요를 거의 못 느낀다. 또한 혼자 먹이를 찾으면 먹이를 놓고 벌이는 경쟁도 피할 수 있다. 이따금씩 먹이가 풍부할 때에는 암컷과 새끼, 수컷들이 평균 3~6마리씩 모여서 작은 규모의 유동적인 식량 수색대를 형성하기도 한다. 이 수색대의 크기는 과일나무의 크기에 달려 있다. 나무가 클수록, 수색대도 커진다. 새끼를 낳을 수 있는 암컷의 존재도 짝짓기를 원하는 수컷을 끌어들임으로써 수색대의 크기에 영향을 미친다. 이 수색대는 몇 시간에서 며칠까지 유지된다. 가장 우세한 침팬지가 앞장서서 움직이므로, 작은 무리에서는 서열이 낮은 젊은 수컷도 지도자 연습 기회를 갖는다. 그러다가 어떤 수색대가 풍부한 식량을 발견하면, 전체 침팬지가 모여서 음식을 나눈다.

유랑

모든 침팬지들은 숲 속에 난 울퉁불퉁한 길을 따라다니며 긴 시간을 땅에서 지낸다. 침팬지는 원숭이처럼 손바닥을 지면에 대고 걷는 것이 아니라, 절반쯤 주먹을 쥔 상태로 손등을 지면에 대고 걷는다. 이렇게 손등으로 걸어다님으로써 대

침팬지들은 물을 싫어하고 수영을 할 줄도 모르므로, 물에
떠 있는 먹이를 잡으려고 하는 것은 위험천만한 일이다.

 **길 찾기**

침팬지들은 머릿속에 자신의 행동권에 대한 지도 같은 것을 새겨 둔다. 그들은 길, 시내, 계곡, 언덕, 시야가 트인 곳, 잠자리 만들기 좋은 나무가 있는 곳 등을 기억해 두고, 과거에 좋은 나무들을 발견했던 곳도 기억한다. 나아가 어떤 곳에서 잘 익은 과일을 발견하면, 그 일을 토대로 해서 같은 종류의 과일을 어디서 구할 수 있을지를 추측하기도 한다. 또 자신들의 위치를 정확히 알고 있어서, 금방 먹이를 찾을 수 있을 것 같으면 속도를 높이기도 한다. 침팬지들은 이렇게 머릿속에 새긴 지도를 가지고, 융통성을 발휘해서 어디로 가야 할지를 정한다. 또 전혀 새로운 길을 선택할 수도 있다. 예를 들어, 개울물이 불어나면 건널 곳을 찾아 상류로 올라간다.

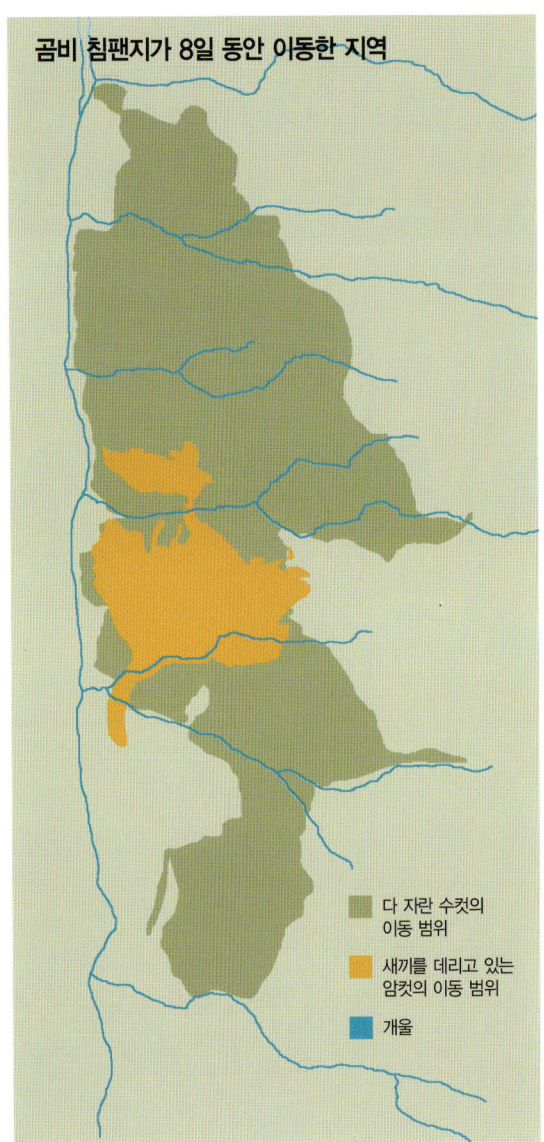

곰비 침팬지가 8일 동안 이동한 지역

다 자란 수컷의
이동 범위

새끼를 데리고 있는
암컷의 이동 범위

개울

형 유인원들은 점점 더 많은 시간을 땅에서 보내면서도 나뭇가지에 매달릴 때 필요한 긴 손가락을 유지하며 진화할 수 있었을 것이다. 침팬지들은 두 다리로 직립 보행을 할 수도 있지만, 그렇게 오래 걷지는 못한다. 물건을 들고 갈 때에는 이런 방법이 쓸모가 있다. 어떤 침팬지들은 과일이나 나무 토막 같은 물건을 '바지 주머니(넓적다리 쪽과 배 사이의 주름)'에 끼우기도 한다. 침팬지들은 또한 세 발로 절름거리며 걷기도 한다.

한동안 땅 위를 걷던 침팬지들은 나무 위에서도 돌아다닌다. 그들은 이 나무에서 저 나무로 척척 건너뛰는 공중그네 선수이다. 이 방법은 원

◀ 침팬지들은 자신의 행동권 내에서 돌아다니는 동안에는 구불구불한 길을 따라다닌다. 옆의 지도에서 알 수 있듯이, 암컷은 수컷보다 좁은 지역을 돌아다닌다. 암컷이 새끼들을 데리고 다니기 때문이다.

▶▶ 손등을 지면에 대고 걷거나 달리는 방식은 울퉁불퉁한 지형을 가로질러 움직일 때에 특히 편리하다.

▶ 어린 침팬지들은 어른들보다 나뭇가지 사이로 건너뛸 때가 더 많다. 몸이 더 가볍기 때문일 것이다.

숭이를 쫓거나 땅에 있는 골칫거리를 피하려고
할 때 특히 유용하다. 다른 모든 영장류가 그렇
듯이, 침팬지들은 나무 위에서 편안해 하며 발로
나뭇가지를 단단히 붙잡을 수 있다. 사람의 엄지
손가락처럼 침팬지의 엄지발가락이 다른 발가락
들과 마주 보고 있기 때문이다.

침팬지들이 하루에 얼마나 멀리 돌아닐 수 있
는가는, 그 무리가 몇 마리인지, 어리거나 아픈
침팬지가 있는지 등 다양한 요인에 의해 좌우된
다. 암컷들은 하루에 2~3 km를 돌아다니는 반
면, 수컷들은 그 두 배를 돌아다닐 수 있다. 하지
만 양식을 찾아다니는 거리는 적게는 1.5 km에

서 15km까지 다양하다. 수컷들이 다른 집단의 침범을 막기 위해 행동권 경계를 순찰하러 나갔다가 좋은 과일이 있는 곳을 발견하면, 이튿날 암컷을 그리로 다시 데려가기도 한다. 서아프리카 타이의 울창한 숲에서는 침팬지들이 이따금씩 손과 발로 나무 줄기를 두드리는 소리를 들을 수 있다. 그 요란한 소리는 다른 침팬지들에게 자신들의 위치와 움직이는 방향, 이동 속도 등을 알려 주려는 것이다.

심봤다!

어쩌다 열매가 잔뜩 달린 나무를 발견한 식량 수색대는 흥분해서 숨을 몰아쉬며 소리를 지른다. 이 소리를 '팬트훗(Pant-hoots)' 이라고 한다. 먹이가 많을수록 이런 소리를 더 많이 지르는 것은 분명하지만, 팬트훗이 다른 침팬지들에게 먹을 것이 있다는 사실을 알리는 데 사용되는지, 아니면 그저 발견한 기쁨에 겨워 흥분해서 내는 소리인지는 명확하지 않다. 어쨌든 다른 침팬지들은 팬트훗 소리만 들리면 서둘러 달려와 함께 먹이를 나눠 먹는다. 먹이를 발견한 데에다 다른 침팬지들을 다시 만나면서 배가된 흥분으로 인해 무리는 소란스러워진다. 특히 한동안 서로 만나지 못했던 수컷들은 입을 크게 벌리면서 이를 드러내는 표정을 짓고 떠들썩한 포옹으로 서로를 맞이한다. 그리고 어느 정도 시간이 지난 뒤에야 모든 침팬지들이 진정하고 과일을 먹어치운다.

이 커다란 음식 잔치는 사회적 관계의 변화를 유발하는 것처럼 보인다. 보통, 새끼들에게 음식을 나누어 주는 것은 암컷들뿐인데, 그것도 어린 새끼의 손에 먹이가 닿지 않을 때뿐이다. 하지만 과일이 잔뜩 달린 나무에서는 평상시의 사회적 서열이 잠시 정지된 것처럼 보인다. 낮은 서열의 개체들이 평소에는 감히 구걸도 못했을 개체들에게 먹이를 달라고 조른다. 팔을 쭉 펴고 손바

유인원 의사

침팬지들은 이따금씩 평소에는 그냥 지나쳤던 식물을 찾아 먹는다. 이 때에는 닥치는 대로 나뭇잎들을 뜯어 먹는 것이 아니라, 나뭇잎들을 골라서 입 속에서 둥글게 말아 통째로 삼킨다. 바로 아스필리아라는 식물이다. 아스필리아는 소화관을 타고 내려가면서 회충을 긁어 낸다. 억센 털이 많이 난 나뭇잎에 회충이 달라붙기 때문이다. 따라서 아스필리아는 항균 작용을 하는 것으로 여겨진다.

침팬지들은 이따금씩 흰개미 둔덕의 흙을 먹기도 하는데, 설사병에 걸렸을 때 더 자주 먹는다. 흙 속에는 녹점토 같은 흡착 활성이 강한 광물이 많이 들어 있다. 이런 광물들이 사람의 설사약과 비슷한 작용을 하는 것이다.

▲ 사냥해서 얻은 고기는 나뭇잎 샐러드를 곁들여 먹으면 잘 삼킬 수 있다.

▶ 호기심 많은 어린 침팬지들이 쉴새없이 여기저기를 찌르며 뭔가를 조사하고 있다.

◀◀ 침팬지들은 매일 8시간 동안이나 먹을 것을 찾아 돌아다닌다. 대부분은 아침과 이른 오후에 먹이를 찾아 나선다.

★ 침팬지가 직립 보행하는 것은, 대개 무엇인가를 옮기거나 집어던지기 위해 손을 써야 할 때이다.

닥을 위로 향해서 활짝 펼친 채, 계속해서 딱딱 끊어지는 소리를 지르는 것이다. 침팬지들은 먹이를 저장하거나 다른 데로 옮기는 일이 좀처럼 없기 때문에, 기회가 닿으면 가능한 한 많이 먹는다. 성찬을 즐긴 뒤에는 으레 배가 부르고 졸리기 때문에 근방에서 잠시 휴식을 취한다. 이런 휴식은 침팬지들에게 며칠, 또는 몇 주 동안 만나지 못했던 동료들과 격의 없이 어울릴 수 있는 기회가 된다.

다른 먹이들

침팬지들은 하루에 20종이나 되는 식물들, 특히 여린 잎들을 먹을 수 있는데, 1년이면 300종에 이른다. 이런 먹이의 대부분은 나무 열매로, 1년 동안 먹는 것의 60%가 넘는다. 하지만 과일에는 단백질과 다른 필수 무기물이 부족하므로, 나뭇잎, 꽃, 식물의 연한 속, 풀잎이나 줄기, 뿌리혹, 씨앗, 나무껍질, 견과, 알, 꿀, 송진 등으로 영양을 보충한다. 이런 것들은 침팬지가 먹는 음식물의 약 30%를 차지하는데, 과일을 구할 수 없을 때(예를 들면, 건기가 길어질 때)에 더욱 중요하다. 나머지 10%의 음식물은 동물성 단백질로, 주로 곤충들이다. 침팬지는 특히 흰개미나 개미같은 '사회성' 곤충을 즐긴다. 암컷 침팬지들은 수컷들의 두 배나 되는 시간을 곤충들을 잡아먹는 데 사용한다.

침팬지들은 가끔씩 새나 사슴, 원숭이, 덤불멧돼지 등 작거나 어린 포유류를 사냥한다. 때로는 혼자서 사냥에 나서기도 한다. 하지만 원숭이 같은 것들은 너무 민첩해서 혼자서 사냥하기보다는 두 마리 이상(주로 수컷)이 힘을 합쳐 사냥에 성공할 때가 많다.

먹을 만한 과일이 전혀 없을 경우, 침팬지들은 땅에 붙어 사는 식물의 속을 먹는다. 이 때 이용되는 것이 아프로모뭄이나 파이퍼 같은 활엽식물의 줄기이다. 과일과 달리 식물의 속에는 당분이 적고 단백질도 거의 없지만, 셀룰로오스, 헤미셀룰로오스 등의 섬유질은 많이 들어 있다. 식물의 세포벽을 구성하는 이 물질들은 소화가 잘 되지 않는다. 하지만 침팬지들은 커다란 위와 긴 소화관을 갖고 있어서 섬유질이 많은 식품도 소화할 수 있다.

우간다 서부의 키발리 숲에 사는 침팬지들은 과일의 공급이 부족하면 이런 식물의 속에서 필요한 에너지의 대부분을 얻는다. 식물 속을 먹는 일은 비가 많이 내릴 때 증가한다. 땅에 붙어 사는 식물들이 많아지기 때문이다.

침팬지의 가정

침팬지의 가정

어린 침팬지가 겨우 네 살이었을 때, 어미가 밤의 잠자리에서 죽었다.
고아가 된 침팬지는 늘 하던 대로 어미의 털을 골랐다. 그러나 태어나서
처음으로, 그 마법의 손길이 아무 효력도 발휘하지 못했다. 어미는
깨어나지 않았다. 새끼는 낮은 소리로 흐느끼며 어미의 팔을 잡아끌었다.
언젠가는 어미가 다시 깨어나 나무에서 내려갈 수 있으리라는 희망이
사라지면서, 새끼는 움직임이 굼떠지고 살이 빠졌다. 어미의 친한
친구가 새끼를 발견했다. 그는 어린 새끼를 둘이나 잃은 어미였다.
곁을 내줄 수 있었던 암컷은 어린 침팬지를 양딸로 삼았다. 암컷은
양딸에게 먹이를 나눠 주고, 업어 주고, 포근히 감싸 주고, 함께 다닐
때에는 참을성 있게 기다려 주었다.
나이 든 암컷이 다시 아들을 낳았을 때, 양딸은 어린 동생을
귀여워했다. 5년이 지난 뒤 어미는 죽었다. 하지만 그의 아들은
살뜰한 보살핌을 받고 있다. 암컷이 맞았던 양딸이 동생을 돌보기
시작한 것이다.

◀◀ 어린 침팬지들이 편안한 분위기에서, 언젠가는 자신의 목숨을
구할 수도 있는 이동 기술을 연습하고 있다.

성장

갓 태어난 침팬지의 몸무게는 2 kg 정도이다. 주름지고 창백한 분홍빛 얼굴을 제외하면 온몸이 까만 털로 덮여 있다. 갓 태어난 침팬지는 아무것도 할 수 없다. 어미는 새끼를 안고 젖꼭지에서 젖을 빨도록 도와 준다. 며칠이 지나면 새끼의 붙잡는 힘이 제법 세어진다. 그 때부터 새끼는 어미의 배에 손과 발로 찰싹 달라붙어 돌아다니게 된다. 좀더 자라 힘이 세어진 새끼는, 여기저기 둘러보기 위해 어미 배 밑에서 이리저리 움직이기 시작한다. 여전히 어미의 몸에 붙어서 지내기는 하지만, 어미의 팔 밑으로 머리를 쏙 내밀어 막대기를 집으려고도 하고, 몸을 뒤로 젖혀 흙을 만지기도 하고, 어깨를 뻗어 나뭇잎을 만지작거리거나 다른 침팬지를 건드려 보기도 하면서 탐험을 시작한다.

생후 6개월이 되면 침팬지 새끼는 걸음마를 시작한다. 이 때쯤이면, 새끼의 몸집이 너무 커서 어미가 이동하는 동안 배 밑에 편안히 달라붙어 있기가 힘들어진다. 세상으로 나갈 시간이 된 것이다. 이 때부터 새끼는 어미의 등에 올라타기 시작한다. 또한 어미가 다른 침팬지들과 어떻게 어울리는지 지켜보면서 사회 생활에 대해 많은 것을 배우게 된다. 몇 달 동안, 어미는 새끼에게 필요한 모든 것, 즉 먹이와 안락함, 따뜻함, 놀이 친구, 안전 등을 제공한다. 그렇지만, 위험한 일은 도처에 널려 있다.

생후 5개월부터 어린 침팬지는 어미의 식사 습관에 깊은 관심을 기울이기 시작해서, 어미의

어린 침팬지들은 몇 년 동안 어미에게 의지해서 살아간다. 어린 침팬지는 신체적, 사회적으로 배워야 할 것이 너무 많기 때문에 빨리 어른이 될 수 없다.

◀ 어미들은 새끼가 세 살이 될 때까지 입이나 손으로 먹이를 받아 먹도록 한다.

◀◀ 어미와 새끼 간의 강한 정서적 유대는 새끼가 어미에 삶을 의존하는 유년기 이후에도 계속된다. 소년기와 청년기, 심지어는 장년의 침팬지들도 어미를 찾지 못하면 흐느껴 운다.

입을 자세히 살펴보면서 무엇을 먹는지 알아내려 한다. 생후 4개월에서 6개월 사이의 어린 침팬지는 어미가 먹고 있는 것을 씹어 본다. 때로는 어미 손에서 먹이를 빼앗는다. 이렇게 몇 달이 흐르면 새끼는 제 힘으로 먹이를 찾아 나서게 되고, 때가 되면 어미에게 돌아와 젖을 빤다. 새끼가 생후 3.5년에서 4.5년이 되면 어미는 젖을 떼려고 한다. 처음에는 새끼가 심하게 조르면 젖을 주지만, 나중에는 거절한다. 그러면 화가 난 새끼는 소리지르며 어미를 공격하면서 젖을 먹으려고 한다. 어미는 새끼를 껴안고 털을 골라 주면서 최선을 다해 새끼를 위로하고 안심시키려 한다. 때로는 새끼의 몸을 간질이면서 기분을 맞춰 준다. 어린것은 걸핏하면 짜증을 부리면서 완전히 풀이 죽는다. 잘 놀지도 않고, 의욕 상실과 우울증에 빠질 수도 있다. 이런 상태는 몇 주 동안

지속되는데, 몇 달 동안 계속되는 경우도 있다.

젖떼기와 함께 어미는 또다른 계획을 실천에 옮긴다. 새끼를 등에 태우지 않고 새끼가 제힘으로 움직여 다니도록 하는 것이다. 이 때에도 괴로워하는 어린것의 털을 고르면서 위안을 준다. 이 단계가 지나면, 새끼 침팬지는 그 전과는 전혀 딴판인 삶을 시작하게 된다.

놀이와 연습

사회 생활을 하는 다른 모든 동물의 새끼와 마찬가지로, 새끼 침팬지도 매우 중요한 할 일이 있다. 바로 열심히 노는 것이다. 놀이는 어린 침팬지들에게 자신의 몸과 자신이 할 수 있는 일에 대해 알려 주고, 주위 환경에 대처하는 법이나 다른 침팬지들과 어울리는 방법에 대해서도 알게 해 준다. 모험과 재미를 통해서 한계와 위험에

대해 알게 되고, 예기치 않은 돌발 상황에도 대처할 수 있게 되는 것이다.

때때로 어린 침팬지들은 혼자서 논다. 예를 들면 눈을 감고 주먹 쥔 손과 발뒤꿈치를 중심으로 빙빙 돌면서 어지럼증을 느끼며 노는 것이다. 어린 침팬지들은 아무리 많이 놀아도 힘이 남아도는 것처럼 보인다. 그들은 잠시도 쉬지 않고 작은 나무 사이를 뛰어다니다가, 한 팔로 나뭇가지에 매달렸다가 땅바닥에 떨어지곤 한다. 그러고는 금방 다시 똑같은 놀이를 시작한다. 또 물건을 가지고 놀기도 한다. 맛을 보고, 물어 뜯고, 조금씩 갈아 먹기도 하고, 발을 굴러 먼지를 피워 올리기도 하고, 나뭇잎더미를 쓸어 모아 어깨에 쌓기도 하고, 돌과 나뭇가지를 끌거나 미는 등 끝도 없다.

어린 침팬지들은 함께 어울려 놀기도 한다. 그

 정말로 즐거울 때(예를 들어 다른 침팬지가 간질일 때), 침팬지는 목이 쉰 듯한 저음으로 헐떡이는 소리를 낸다.

놀이의 세 가지 특징은 반복, 과장, 자제이다. 어린 침팬지들 사이의 놀이(여기서는 싸움놀이)는 평생에 걸친 교우 관계를 쌓는 데에 도움이 된다.

래서 어떤 때 그들의 놀이는 매우 복잡해진다. 간 지럼을 태우고, 레슬링을 하고, 재주넘기나 잡기 장난을 하고, 떠들면서 뛰노는 등 끝도 없이 새로운 놀이를 만들어 낸다. 이런 놀이는 어린 침팬지들에게 서로 어울려 지내기, 자제력, 사회적인 규칙 등 많은 것을 가르쳐 준다. 예를 들면, 나이가 많고 덩치가 큰 침팬지는 너무 난폭하게 놀아서도, 너무 세게 물어서도 안 된다는 것을 배워야 한다. 어린 침팬지의 엉덩이 위에는 하얀 털들이 불쑥 튀어나와 있다. 이런 특징은 나이 많은 침팬지들로 하여금 어린것들에게 심하게

굴지 말아야 한다는 것을 일깨워 주는 효과를 갖는 듯하다. 으뜸 수컷도 활기 넘치는 새끼들이 자신의 몸 위로 뛰어오르는 것은 너그러이 봐 줄 것이다.

어린 새끼는 같이 놀자는 신호를 사용해서 친구를 찾곤 한다. 새끼들은 팔을 들고 같이 놀 만한 상대를 한 대 톡 때려서 쫓기 놀이를 시작한다. 그러다가 시간이 지나면 이런 몸짓이 하나의 신호가 되어서, 모든 침팬지들이 정말로 때리지는 않으면서 팔을 머리 위로 높이 들어올림으로써 놀이를 시작하게 되는 것이다. 과학자들은 이

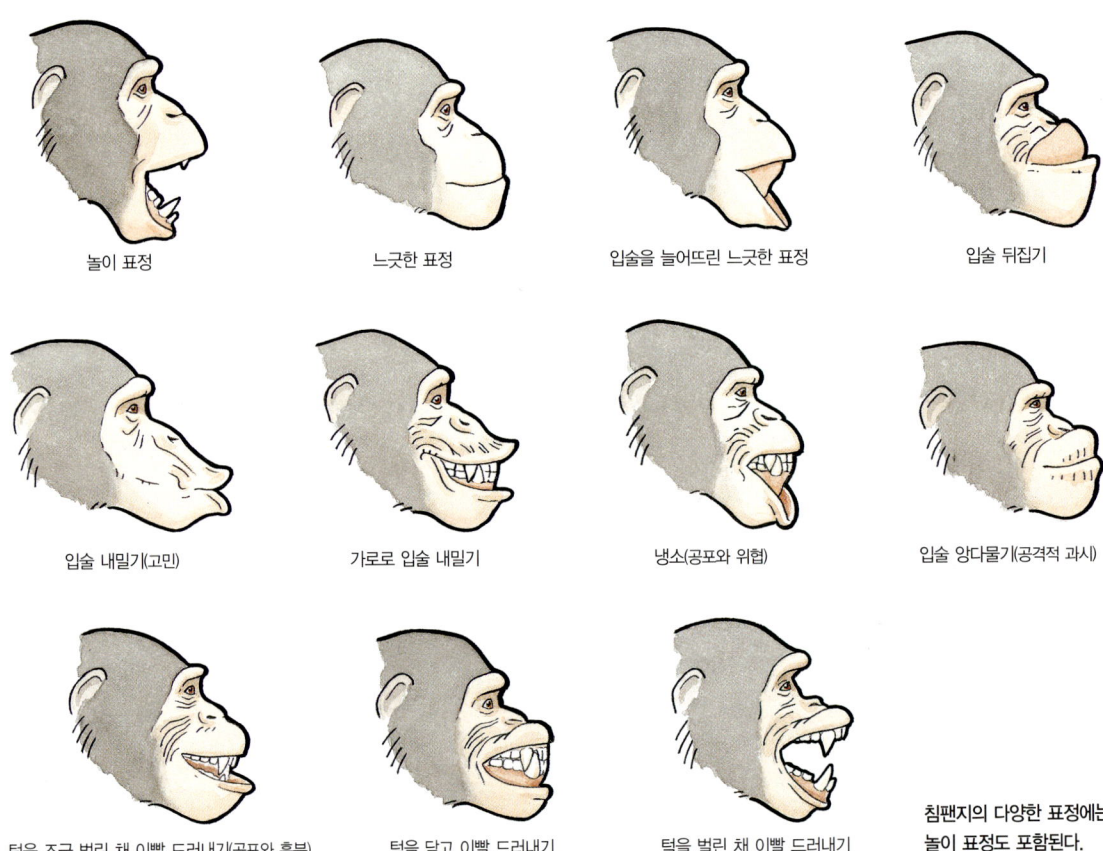

놀이 표정　　　　느긋한 표정　　　　입술을 늘어뜨린 느긋한 표정　　　　입술 뒤집기

입술 내밀기(고민)　　　　가로로 입술 내밀기　　　　냉소(공포와 위협)　　　　입술 앙다물기(공격적 과시)

턱을 조금 벌린 채 이빨 드러내기(공포와 흥분)　　　　턱을 닫고 이빨 드러내기　　　　턱을 벌린 채 이빨 드러내기

침팬지의 다양한 표정에는 놀이 표정도 포함된다.

런 몸짓이 침팬지들이 의사소통에 있어서 뜻을 받아들이는 쪽의 역할을 알고 있음을 나타낸다고 본다. 이는 지능이 있음을 보여 주는 것이다.

침팬지들은 놀이를 할 때면 특별한 표정을 짓기도 한다. 얼굴 표정으로 다른 침팬지들에게 장난삼아 싸우는 척하는 것이지 해칠 생각은 전혀 없다는 뜻을 전하는 것이다. 이는 입을 크게 벌리고 이를 드러내면서 웃는 표정과 비슷한데, 이때 주의해야 할 점은 윗잎술로 윗니를 덮어야 한다는 것이다. 자칫해서 커다란 앞니가 드러나면 놀이 표정을 공격적인 표정으로 오해할 수도 있고, 놀이터가 싸움판으로 변할 수도 있다.

다른 침팬지들이 하는 것을 따라하고 시행착오도 거치면서 다양한 학습이 이루어진다. 어미가 긴 나뭇가지나 풀줄기를 이용해 흰개미를 낚아 올리는 동안 어린 침팬지는 나뭇잎과 나뭇가지를 가지고 논다. 처음에는 흰개미를 한 마리도 못 잡던 어린 새끼도 시간이 지나면서, 나뭇가지

어린 침팬지와 사람의 아이들은 공통점이 많다. 그 중 한 가지는 지루한 것을 특히 싫어한다는 점이다. 그들은 무엇이든 장난감으로 만들어 갖고 놀 수 있다.

 **닮은 얼굴**

최근의 연구에 의하면, 침팬지들은 여러 침팬지들 사이에서 서로 닮은 얼굴을 찾아 낼 수 있는 것으로 보인다. 그런데 침팬지의 경우에는, 암컷들보다 수컷들이 어미와 더 닮아 보인다. 미국 애틀랜타의 여키스 영장류 연구소의 침팬지들에게 낯선 침팬지들의 사진을 보여 주었더니, 그들은 어미와 아들은 정확히 짝지을 수 있었지만 어미와 딸은 잘 연결시키지 못했다. 아마도 암컷의 얼굴보다는 수컷의 얼굴을 잘 알아보는 것이 중요할 것이다. 수컷들, 특히 가까운 혈연 관계의 수컷들은 권력 투쟁이 일어나는 동안 서로 동맹을 맺는 경우가 많다. 따라서 누가 누구와 한 집안인지 알 필요가 있는 것이다.

는 어떤 것을 골라야 하는지, 나뭇가지를 흰개미 집으로 어떻게 찔러 넣어야 하는지, 어떻게 움직여야 흰개미가 나뭇가지를 잘 무는지, 흰개미를 떨어뜨리지 않으려면 나뭇가지를 어떻게 빼내야 하는지 등을 모두 알게 된다. 침팬지가 네 살에서 다섯 살이 되면, 주의를 집중하는 시간은 짧아도 흰개미를 솜씨 좋게 낚아 올리게 된다.

역할 모델

사회적인 행동도 주의 깊은 관찰과 역할 모델을 통해서 익히게 된다. 탄자니아 곰비 국립공원 침팬지 연구소의 소장인 제인 구달(Jane Goodall)

은 프로도라는 이름의 어린 수컷에 대한 두 가지 이야기를 들려주었다. 프로도는 자신의 형이자 영웅인 젊은 수컷 프로이드가 나무 줄기를 두드리는 인상적인 과시 행동을 하는 것을 유심히 살펴본 적이 있다. 생후 9개월밖에 안 된 프로도는 두 발로 잘 일어서지도 못하면서 형과 똑같은 행동을 하려고 했다. 그는 물론 중심을 잃고 넘어졌고, 어미가 일으켜 세워야 했다. 그 뒤에도 여전히 어린 새끼에 불과한 프로도는 비비들에게 발을 구르고 팔을 흔드는 호전적인 과시 행동을 하곤 했다. 비비들이 화가 나서 공격하려 들면 구하러 가야만 했다.

형, 오빠, 언니, 누나들은 어린 침팬지를 보호하는 데에 큰 도움이 된다. 곰비의 다섯 살배기 침팬지 피피는 갓 태어난 남동생 플린트에게 온통 정신을 빼앗기고 있다. 피피는 플린트와 놀아 주고, 털고르기를 해 주고, 업고 다닌다. 엄마 플로를 도와 복잡한 상황에서 남동생을 빼냄으로써 다른 침팬지들로부터 지켜 주기도 했다. 첫째로 태어난 새끼는 한동안은 놀이 상대가 엄마밖에 없어서 약간 외톨이가 되는데, 엄마마저 무뚝뚝한 성격이라면 특히 더하다. 이런 상황에서 함께 놀 수 있는 형제 자매가 있다면 사회성을 키울 수 있는 좋은 기회를 갖게 된다. 그리고 모두 그런 것은 아니지만, 어떤 형제 자매들은 계속 강한 유대를 맺고 살아간다.

사춘기

젊은 암컷들은 8~10세에 이르면 작은 생식기가 부풀어오른다. 이는 그들이 비록 실제로 새끼를 낳을 수는 없지만 성적으로 성숙했다는 것을 말해 준다. 그로부터 몇 년이 지나서 13~14세가 되면, 분홍색을 띤 생식기가 그레이프프루트 크기로 커지면서 그 암컷이 임신할 수 있게 되었다는 것을 말해 준다. 그 '분홍색'은 수컷들을 유인한다. 그로부터 10일이 지나 부풀어오른 것이 수축하면, 관심도 줄어든다.

수컷들은 성적으로 매우 조숙해서, 생후 2년만 되어도 분홍색을 띤 암컷들과 성행위를 연습한다. 그리고 7세가 되면, 서열을 따라가면서 도전을 시작해서 다른 침팬지들을 복종시키려고 한다.

◀◀ 침팬지들이 흰개미 낚싯대를 선택하고 이용하는 솜씨는 서로 차이가 난다.

◀ 어린 고아 침팬지들이 보호 구역에서 함께 놀고 있다. 보호 구역에 도착하는 침팬지들은 대부분 심리적, 육체적으로 상처를 입은 상태이다. 밀렵꾼들에게 잡혀 끔찍한 상황에 감금되어 있었기 때문이다.

모성

생식의 적합성을 최대화하기 위해서, 다시 말해서 자신의 유전자를 미래 세대에게 가능한 한 많이 전달하기 위해서, 암컷이 할 수 있는 최상의 선택은 일단 임신을 한 자식을 잘 돌보는 것이다. 그 자식이 어른이 되어 새끼를 낳으면 어미의 유전자도 다음 세대로 전달될 것이다. 침팬지의 암컷이 좋은 어미가 되기 위해서는 여러 가지 기술이 필요하다. 수컷들은 자녀 양육에 거의 관여하지 않는다. 어미침팬지들은 대부분 다른 어미들을 관찰하면서 어미노릇을 배운다. 사람 손에 자라는 것들은 어미노릇이 형편 없는 경우가 많다. 다른 어미들을 보고 배울 기회가 전혀 없었기 때문이다.

곰비의 어느 어미침팬지는 처음 낳은 새끼를 어떻게 다루어야 할지 몰랐다. 그래서 새끼를 자기 등에 내동댕이치고, 다리를 잡아당겨 머리가 땅에 부딪치도록 내버려 두었다. 먹이를 운반하는 허벅지와 배 사이의 '바지 주머니'에 새끼를 집어 넣기도 했다. 새끼는 결국 1 주일도 못 가서 죽었다. 암컷의 어미노릇이 그리 나아지지는 않았지만, 두 번째로 얻은 새끼는 요행히 살아남았다. 암컷은 새끼가 울거나 비명을 지를 때에도 왜 그러는지 이해할 수 없는 것 같았고, 새끼를 계속 내버려 두곤 했다. 암컷은 세 번째 새끼를 얻은 뒤에야 그럭저럭 어미노릇을 해 나갈 수 있었다. 그 암컷은 젊어서 아기 다룰 기회를 갖지 못했던 것일까?

▲ 좋은 엄마가 되기 위해서는 다양한 기술이 필요하다. 암컷들은 다른 어미들을 지켜보면서 여러 가지 기술을 배운다.

▼ 어린 침팬지는 혼자서 이동하고 독립하는 것을 배운다.

털고르기는 강력한 사회적 유대를 쌓는 행위이다. 종종 필요한 시간보다 더 오랫동안 털고르기를 하는 것은 바로 이 때문이다.

피는 진하다

새끼가 태어나는 순간, 어미는 새끼를 혀로 핥아 목욕을 시키고 털고르기를 해 준다. 새끼의 탄생은 다른 모든 침팬지의 커다란 관심을 불러일으킨다. 갓난 새끼가 어느 정도 자라면 수컷들은 어린것과 놀아 주기도 하고, 새끼를 들어올려 부드럽게 껴안기도 한다. 하지만 암컷들은 특히 새끼 침팬지 곁을 떠날 줄 모른다. 갓 태어난 새끼를 쳐다보거나 만질 수 있도록 해 주면 암컷들은 이에 대한 보답으로 어미에게 털고르기를 해 준다. 다른 침팬지들이 새끼에게 다가가는 것이 꺼려지는 갓난 새끼의 어미는 새끼를 다른 침팬지들로부터 떼어 놓는 경우도 많고, 보호를 받기

위해 수컷들 가까이 머무르기도 한다.

몇 주가 지나면 어미는 믿을 수 있는 침팬지들(예를 들면, 언니나 누나)이 새끼에게 가까이 갈 수 있도록 해 준다. 그리고 좀더 시간이 지나면, 새끼가 주위를 돌아다니면서 다른 침팬지들과 어울릴 수 있도록 더 풀어 준다. 태어나는 순간부터 강했던 어미와 새끼의 유대는 점점 더 강해진다. 이 일은 생존에 반드시 필요한 정서적 의존 관계를 불러 온다. 어미는 새끼에게 먹이, 따뜻함, 보호, 안내, 도움, 역할 모델(예를 들면, 무엇을 먹는지, 사회 관계는 어떻게 맺는지 등을 보고 배울 수 있는 대상), 재미, 친구들을 제공한다. 어린 새끼는 기분이 나쁘거나 화가 나면 언제라도

어미에게 달려가 위안과 안도감을 얻는다. 어미의 위로하는 손길이 담긴 털고르기는 그 어떤 것보다도 효과적으로 새끼의 마음을 진정시킨다. 새끼가 자람에 따라 어미는 점점 더 오랫동안 새끼의 털을 골라 준다. 새끼는 그 일을 싫어할 수도 있다. 어미 손에서 벗어나 친구들과 놀고 싶기 때문이다.

어미와 새끼 간의 유대는 유년 시절을 지나서도 오래도록 지속된다. 예를 들어, 다 자란 수컷들조차 싸우다가 큰 부상을 입었거나 자신감을 상실하게 되면 어미의 팔에 안겨 안도감을 찾는다.

◀ 어미들은 다른 침팬지들이 자기 새끼에게 접근하는 것을 꺼리지만, 그들은 다른 일에 관심이 있는 척하면서 새끼 옆으로 다가간다.

 ## 두 어미 이야기

제인 구달은 곰비 국립공원의 두 어미침팬지가 전혀 다른 방식으로 딸을 키우는 것을 목격했다. 플로는 어울리는 것을 좋아하는 성격이어서, 세 번째 새끼 피피와 함께 놀며 많은 시간을 보냈다. 이에 반해 패션은 혼자 있기를 좋아해서, 첫째인 폼과 거의 놀아 주지 않았다. 폼은 불안해 하면서 어미에게 매달렸다. 젖을 뗄 때가 되자, 피피는 충격을 받기는 했지만, 금방 놀기 좋아하는 평소의 모습으로 돌아왔다. 폼은 우울증을 보였는데, 그 증세는 몇 달 동안이나 지속되었다. 피피는 남동생과 놀면서 시간을 보낸 반면, 폼은 동생에게 관심을 보이다가도 금세 흥미를 잃고 다시 우울증에 빠지는 것 같았다. 피피(아래의 사진은 피피가 새끼들과 함께 있는 모습이다)는 어른이 되어서도 차분하고 편안하게 수컷들과 어울렸다. 폼은 초조하고 긴장한 모습이었다. 제인 구달은 이 두 암컷의 어미노릇을 관찰하면서, 침팬지의 행동은 유년기의 경험에 의해 오랫동안 큰 영향을 받는다는 것을 알게 되었다.

▲ 곰비의 침팬지 피피는, 여섯 번째 새끼 페르디난드를 낳았을 때 그 새끼를 어떻게 키워야 할지 정확히 알고 있었다.

끊임없는 보살핌

좋은 어미가 되려면 무엇보다도 위험 상황을 예견할 수 있어야 한다. 어린 새끼는 자신의 신체적 한계나 집단 내부의 사회 관계를 잘 알지 못하므로, 자칫하면 실수로 인해 위험에 빠질 수 있다. 예를 들어 새끼가 어슬렁거리며 돌아다니다가 다 자란 수컷과 만나 놀기 시작하면, 어미는 수컷의 표정과 몸짓을 유심히 살핀다. 그러다가 수컷에게서 조금이라도 화난 기색이 보이면 당장 뛰어가 수컷으로부터 새끼를 떼어 놓는다. 그리고 친구들과 너무 거칠게 노는 것 같으면 자기 새끼가 다치기 전에 놀지 못하게 한다.

어린 침팬지들은 어린 비비들과 장난으로 붙들고 싸우다가 가끔씩 큰 소리로 비명을 지른다. 그럴 때면 어미침팬지는 기분이 언짢은 어미비비와 마주치기도 한다. 이 때 어미침팬지는 어미비비가 자기 새끼를 건드리지 못하도록 공격적인 태도를 보인다.

새끼가 보이지 않다가 비명 소리가 들리면 어미는 번개같이 달려가 뱀의 공격 같은 위험한 상황으로부터 새끼를 구해 낸다.

어떤 어미침팬지들은 참을성의 한계가 없는 듯 보인다. 그들은 새끼들이 자기 몸을 이리저리 기어오르도록 내버려 두고, 새끼들의 놀이나 먹이 찾기가 끝날 때까지 오랫동안 앉아서 기다린다. 하지만 어떤 암컷들은 참을성이 적어서, 거친 놀이에 공격적으로 반응하거나 새끼들의 손목을 잡아끈다. 세 살때까지는 젖을 빨고, 어미의 등에 올라타고, 어미와 먹이를 나눠 먹는 것이 허용된다. 하지만 네 살이 되면 어미는 참을성이 바닥나서 새끼에게 좀더 독립적으로 생활할 것을 요구한다. 새끼에게 더 멀리 떨어져 걷거나 먹이를 스스로 먹도록 한다.

새끼가 버릇없이 굴면 가벼운 공격으로 벌을 주어서, 허용할 수 있는 것과 허용할 수 없는 것을 명백히 가린다. 하지만 새끼에게 악의를 품는

성격의 묘사

곰비로 간 젊은 제인 구달은 야생 침팬지들에게 이름을 붙여 주었다. 그녀는 '사춘기', '아이', '대담한', '상심한', '수줍은', '짓궂은' 등의 단어로 침팬지들을 묘사해서 다른 과학자들의 비웃음을 사기도 했다. 당시의 과학계에서는, 야생 동물들에게 이렇게 의인화한 '성격'을 부여하는 일이 용납되지 않았다. 그 뒤로 상황이 많이 바뀌었다. 오늘날, 몇몇 현장 연구자들은 침팬지의 성격적 특징을 언급하는 것이 (신중을 기할 필요는 있지만) 반드시 필요한 일이라고 주장한다. 성격을 과학적으로 명확히 정의하기는 어렵지만, 그것이 행동의 선택과 사회 관계에 미치는 영향력을 부인할 수는 없다.

모든 침팬지는 자신만의 복잡한 사교 관계를 갖고 있다. 수컷의 경우, 유년기의 놀이친구들도 세월이 흐르면서 믿음직한 후원자가 되거나 가증스러운 경쟁자로 변할 것이다.

경우는 결코 없으며, 벌을 준 뒤에는 언제나 위로해 주면서 안도감을 준다.

입양

어린 침팬지가 고아가 되면 손위의 형제자매들에게 입양될 수 있다. 곰비의 네 살배기 침팬지 팍스가 어미를 잃었을 때에는 형이 그를 돌보려 했다. 팍스는 매우 낙담했지만, 점차 일곱 살짜리 형 프로프의 보살핌을 받아들이게 되었고 형을 따르기 시작했다. 어미가 죽은 뒤 1년 동안 프로프는 어미가 해 주었을 많은 일을 했다. 프로프는 팍스와 함께 이동할 때면 어린 팍스를 기다려 주었고, 팍스가 보이지 않으면 찾았고, 가능하면 옆에 붙어 있으려고 했다. 한 번은 팍스의 코감기를 살피더니 한 줌의 나뭇잎으로 콧물을 깨끗이 닦아 주었다. 또 한 번은 팍스가 짜증을 부렸는데 그 소리가 바로 옆에 있던 으뜸 수컷의 심기를 건드렸다. 으뜸 수컷은 털을 곤두세우고 팍스를 불쾌한 얼굴로 노려보았다. 훌륭한 어미가 그러듯이, 위험을 감지한 프로프는 말썽꾸러기 동생에게 달려가 급히 그를 끌어 냈다.

가끔씩은 매우 예외적인 일이 일어나기도 한다. 아무 연고도 없는 침팬지가 고아를 입양하는 것이다. 세 살배기 멜이 어미를 잃었을 때에는 그를 거두어 줄 친척들이 아무도 없었다. 자꾸 병이 나는 그 어린 침팬지는 더 이상 살 수 없을 것 같았다. 그런데 바로 그 때 곰비의 연구원들은 놀라운 일을 목격했다. 핏줄이 조금도 섞이지 않은 젊은 수컷 스핀들이 멜을 입양한 것이다. 두 마리는 밤에 잠자리를 함께 사용했으며, 스핀들은 최선을 다해서 나이 많은 수컷들로부터 멜을 보호했다. 심지어는 멜을 등에 태우고 돌아다니기도 했다.

아들인가, 딸인가?

침팬지들은 평균적으로 같은 수의 아들과 딸을 두고 있다. 하지만 서아프리카의 타이 포리스트 국립공원에서는, 어미들이 한 가지 성을 '선택(진화론의 용어로)' 해서 더 긴 시간과 많은 에너지를 쏟는다. 이 일은 터울, 즉 동생을 보기까지의 시간을 조절하는 식으로 이루어진다. 갓난 침팬지들은 몇 달 동안 보살핌을 독점함으로써 커다란 이익을 얻는다. 따라서 터울은 먼저 태어난 새끼의 생존 가능성에 막대한 영향을 미친다. 동생을 늦게 볼수록 살아남을 가능성이 커지는 것이다. 먼저 얻은 새끼가 바라던 성일 경우, 어미는 한참 뒤에 동생을 갖는다.

어미에게 있어, 아들은 위험도 크고 이득도 큰 투자와 같다. 아들은 어미에게 많은 수의 손자손녀들을 안겨 줄 수도 있지만, 완전히 실패해서 자손을 전혀 남기지 못할 수도 있다. 이에 비해 딸은 훨씬 더 안전한 투자 대상이다. 딸이 자식을 못 낳는 일만 없다면, 적어도 한 마리의 자식은 낳을 것이기 때문이다. 하지만 딸이 성공한 아들처럼 그렇게 엄청나게 많은 자손을 낳는 일은 결코 없을 것이다.

아기 침팬지가 처음 경험하는 놀이는 어미가 부드럽게 깨물고 간지럼을 태우는 것이다.

그렇다면 어미는 아들과 딸 중에서 어느 쪽을 선호할까? 이 일을 결정하는 요인은 집단 내에서의 서열인 듯하다. 서열이 높은 암컷들은 제 새끼들을 후원해서 그들이 성공을 거둘 수 있도록 도울 수 있다. 따라서 서열이 높은 어미의 경우에는 아들에게 더 큰 공을 들일 수 있다. 아들을 둔 높은 서열의 암컷들은 딸이 태어났을 때보다 26개월 정도 늦게 동생을 낳는다. 어미의 독점적인 보살핌을 받을 수 있는 이 여분의 2년은 생존율을 크게 높인다. 타이 숲에서, 서열이 높은 암컷의 아들들은 서열이 낮은 암컷의 아들에 비해 30% 더 많은 수가 어른이 된다. 또한 서열이 높은 어미들은 서열이 낮은 암컷들보다 제 아들들의 성공에 더욱 열중한다. 서열이 높은 엘라와 살로메의 아들인 켄도, 피츠, 스누피는 모두 매우 빠른 속도로 높은 서열에 올랐다. 낮은 서열의 암컷들은 아들이 사회적 지위를 얻는 데에 거의 도움을 주지 못한다. 따라서 아들보다는 딸들에게 더 정성을 쏟는다. 서열이 낮은 암컷들은 아들보다 딸에게 평균 12개월을 더 투자한다.

하지만 이런 패턴이 모든 침팬지 사회에서 똑같이 나타나는 것은 아니다. 곰비에서는, 서열이 높은 암컷들이 서열이 낮은 암컷들보다 짧은 터울을 두고 새끼를 갖지만, 성과 관련해서는 전혀 차별을 두지 않는다. 곰비의 경우에는, 다른 집단으로 옮겨 가는 암컷이 몇 마리에 불과해 딸을 둔 서열 높은 어미들이 계속 후원과 인정을 받을 수 있기 때문일 것이다. 하지만 타이에서는, 딸들은 대부분 고향을 떠나기 때문에 평생에 걸친 유대를 맺을 기회가 많지 않다.

빌려온 서열

침팬지들, 특히 수컷은 자신의 사회적 지위를 높이기 위해 애써야 한다. 하지만 젊은 침팬지가

◀ 곤두선 털은 흥분이나 공격(사진의 경우)과 같은 강도 높은 자극을 분명하게 드러내 준다. 털을 곤두세운 수컷은 과시 행동을 하거나 공격을 가할 것이다.

▶ 곰비의 연구원들은 1963년부터 1983년까지 으뜸 수컷의 지위를 차지하려고 한 수많은 침팬지들에 대해 서열 변화를 보여 주는 도표를 만들었다.

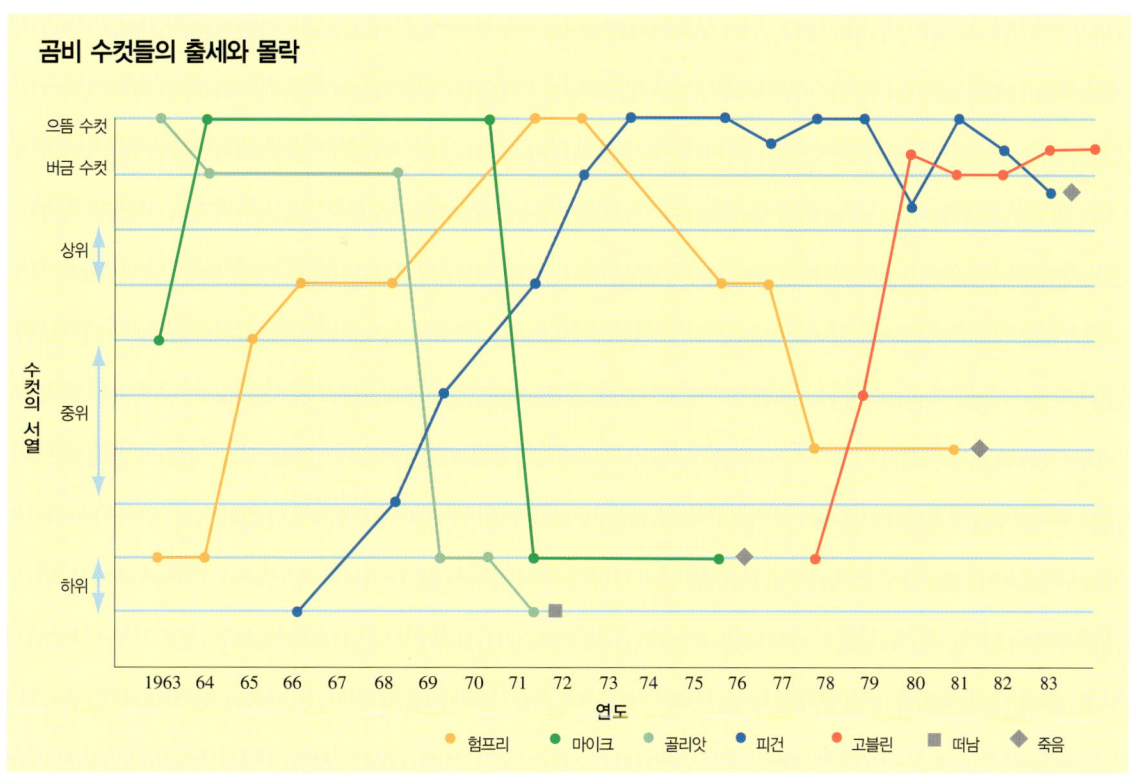

곰비 수컷들의 출세와 몰락

수컷의 서열: 으뜸 수컷, 버금 수컷, 상위, 중위, 하위

연도: 1963 64 65 66 67 68 69 70 71 72 73 74 75 76 77 78 79 80 81 82 83

힘프리　마이크　골리앗　피건　고블린　떠남　죽음

높은 지위에 오를 가능성은 어미의 행동에 의해 영향을 받는다. 서열이 높은 암컷의 자식들은 다른 침팬지들이 어미에게 순종하는 것을 보면서 자란다. 또 그런 어미가 근처에 있으면 그들은 더욱 존중받을 수 있다. 우세한 어미가 근처에서 후원하고 있으면, 아들은 더 일찍, 그리고 더 대담하게 나이 많은 암컷들에게 도전한다. 그들이 강한 성격(결단력이나 사회성 등)과 함께 이런 이점을 잘 활용한다면, 무난히 가장 높은 지위까지 올라갈 수 있을 것이다. 따라서 어미의 서열은 분명히 젊은 침팬지의 미래를 가름한다고 할 수 있다.

젊은 수컷들은 어릴 때부터 암컷들을 겁주고 지배하기 위해서 털을 세우고 거드름을 피우며 돌아다닌다. 어미가 높은 서열이라면 그에게는 든든한 후원자가 되어 줄 것이다. 나이가 많아지고 몸집이 커지면서 아들은 이런 은혜에 보답할 수 있게 된다. 시간이 흘러 청년기에 접어든 수컷은 어미나 어린 동생들에 대한 관심이 줄어든다. 하지만 자기보다 나이가 많은 수컷들에 대해서는 커다란 흥미를 갖게 된다. 가까운 곳에서 나이든 수컷들이 쉬고 있으면, 젊은 수컷은 용기를 내서 그들에게 다가가 털고르기 모임에 참여해 본다. 하지만, 젊은 수컷이 사회적인 위계 질서에 완전히 편입할 수 있는 것은 13~16세 사이에나 가능한 일이다.

권력과 성

권력과 성

한바탕 소동이 일 것임을 말해 주는 조짐은 오랫동안 으뜸 수컷의
친구이자 부하로 지내던 젊은 수컷이 여느 때처럼 달려나가 그를
맞이하지 않는 것으로 시작되었다. 어찌 보면 사소한 일이지만, 그의
행동은 무언의 위협으로 가득 차 있었다. 으뜸 수컷은 동요했지만,
충직한 네 부하들을 보고 다시 기운을 찾았다. 도전은 나중에
시작되었다. 젊은 수컷이 애용한 기술은 놀래주기로, 그 재주는 다름아닌
으뜸 수컷에게 배운 것이었다. 으뜸 수컷은 다른 침팬지들이 단잠에
빠져 있을 때 잠자리 바로 위에 나타나 난폭한 과시 행동을 해서 깨우거나,
그늘진 덤불에 숨어 있다가 갑자기 나타나곤 했다. 처음으로 심한
몸싸움이 벌어졌을 때, 젊은 수컷은 으뜸 수컷을 나무에서 쫓아냈다.
그리고 다섯 달 동안, 으뜸 자리는 비어 있었다. 기세가 꺾인 으뜸 수컷은
더 이상 그 자리를 요구할 수 없었지만, 친구들과 힘을 합쳐 젊은 수컷을
물리칠 수는 있었다. 하지만, 결국 그들은 모두 젊은 수컷에게 항복했고,
늙은 으뜸 수컷은 영원히 종적을 감추었다.

◀◀ 침팬지의 사회 생활에는 수많은 신체 접촉이 따른다. 침팬지들의 신체 접촉이란
수많은 털고르기, 포옹, 입맞춤을 말한다. 보노보의 신체적 접촉에는, 이 어린 보노보들이
보여 주는 것과 같은 생식을 목적으로 하지 않은 성적 행동도 포함된다.

으뜸 수컷과 수하들

대부분의 영장류는 수컷 한 마리가 서로 혈연 관계에 있는 한 무리의 암컷을 지킨다. 하지만 침팬지의 경우는, 작은 무리를 이루어 먹이를 찾아다니기 때문에 수컷 한 마리가 혼자서 모든 암컷을 지킬 수는 없다. 그래서 대체로 혈연 관계에 있는 수컷들의 정예 그룹이 힘을 합쳐서 넓은 행동권과 그 곳에 사는 암컷들을 지킨다. 하지만 그들도 겉으로는 협조적이지만 속으로는 서로 치열하게 경쟁하고 있다. 그들이 자손을 남기기 위한 성공의 열쇠는 높은 서열을 차지하는 것이다. 서열 체계는 엄격하지만 유동적이다. 가장 높은 서열은 으뜸 수컷이다. 그 밑의 서열이 버금 수컷인데, 최근에 물러난 으뜸 수컷이나 전도 양양한 젊은 수컷이 차지한다. 으뜸 수컷과 버금 수컷 사이에는 긴장감이 감돌기도 한다. 그 밑으로 여러 수컷과 암컷, 어린 침팬지들이 있다.

최고의 자리에 오르기 위해서는 오랫동안 힘든 일을 많이 겪어야 한다. 자기보다 서열이 높은 모든 수컷들에게 도전해야 으뜸 수컷이 될 수 있기 때문이다. 바로 위의 서열에 있는 수컷 하나를 따라잡기 위해 몇 주나 몇 달 동안 이를 악물어야 할지도 모른다. 그리고 언젠가는 으뜸 수컷을 무너뜨려야 할 것이다. 하지만 그에 따른 보상은 충분한 가치가 있다. 으뜸 수컷은 제일 먼저 음식을 먹고, 다른 모든 침팬지의 존경을 한 몸에 받는 것은 물론, 발정기의 암컷을 제일 먼저 차지할 수 있다. 이런 특권을 유지하기 위해 그는 질서를 수호하고, 평화를 유지하고, 자신의 권위를 확립하고, 다른 수컷들의 야망을 꺾어야 하는 것이다.

으뜸 수컷은 대개 전성기의 수컷이지만, 반드시 힘이 가장 셀 필요는 없다. 고도로 발달한 사회적 기술과 강한 성격도 매우 중요한 요소이다.

힘센 친구들

절친한 친구로부터 가증스러운 경쟁자에 이르기까지, 수컷 침팬지들 간의 관계를 특징짓는 것이 한 가지 있다. 그것은 바로 힘이다. 수컷은 암컷보다 더 자주 싸우고, 더 자주 털고르기를 하며(암컷의 4배 정도), 더 자주 협력하고, 시끄러운 소리를 더 많이 내고, 더 긴 휴식 시간을 함께 보낸다. 수컷들은 암컷들보다 20배나 자주 '입맞추기'를 한다. 그리고 한 연구 결과에 따르면 포옹의 80%가 수컷들 사이에서 행해진다고 한다. 만일 여러 침팬지들이 커다란 과일 나무에 모인다면, 높은 서열의 수컷 한 마리가 시끄러운 소리로 힘차게 과시 행동을 할 것이다. 이는 서열상의 어떤 중요한 변화가 있는지를 확인하는 그만의 방법이다. 그러면 서열이 낮은 침팬지들은 최선을 다해 그를 안심시킨다.

이런 긴밀한 관계에 끼어들고 싶은 젊은 수컷은, 자기가 따르는 형이나 다른 침팬지의 뒤를 쫓아다니면서 털고르기를 할 것이다. 그리고 그는 협력자가 필요할 것이다. 두 마리의 침팬지가 힘을 모으면 혼자서는 맞설 수 없었던 상대에게도 용감하게 대항할 수 있다. 지지 세력을 얼마나 잘 모으는가 하는 것은 그의 사교 기술과 성격, 그리고 신세를 졌을 때 얼마나 잘 갚는가에 달려 있다.

최근까지만 해도, 여러 수컷이 있는 침팬지 사회에서는 수컷들 사이에서 가장 강력한 사회적 유대 관계를 발견할 수 있다고 생각되었다. 탄자니아의 곰비와 마할리의 침팬지 집단에서 이런 증거가 발견되었기 때문이다. 하지만 서아프리카 타이 숲에서는, 암컷들도 다양한 사교 관계를 맺으며, 암컷들 사이의 유대가 적어도 수컷들만큼은 강력해 보인다. 영장류학자 크리스토프 보슈(Christophe Boesh)와 헤드위그 보슈-에커먼(Hedwige Boesch-Achermann)은 "침팬지의 집단을 완전히 수컷 중심의 사회로 보는 견해는 타이

◀ 털고르기는 대부분 이미 밀접한 관계에 있거나 밀접한 관계를 맺기 원하는 개체들간에 이루어진다.

▶ 두 수컷(예룬과 니키)이 힘을 합치자 혼자서는 대항할 수 없었던 힘센 수컷에도 맞설 수 있게 되었다.

침팬지들의 사회 관계를 반영하지 못한다."고 주장한다. "타이 숲에서는 암컷들이 공고한 친교와 협력 관계를 맺고, 서로 적극적으로 털고르기를 해 주며, 수컷들 간의 갈등이 있을 때에는 적극적으로 나서고, 일부 수컷들과 연합하기도 한다."는 것이다.

마할리와 곰비의 암컷들이 수컷들 사이에서 이루어지는 대결에 관여하거나 그들을 공격하는 일은 거의 없다. 타이에서는 상황이 전혀 다르다. 두 달 동안, 암컷들이 힘을 합쳐 수컷들을 공격하는 것을 열일곱 차례, 암컷과 수컷이 함께 수컷을 공격하는 것을 네 차례나 볼 수 있었던 것이다.

연구자들은 사회상이 이렇게 현저하게 다른 것은 열대 우림 때문이라고 한다. 열대 우림은 암컷들이 서로 교제할 수 있는 기회를 허락한다. 그리고 이렇게 풍요로운 환경에서 사는 침팬지들은 더 큰 무리를 이룰 수 있으므로 사회성이 더욱 강화되고 양성이 결속한 사회를 만들 수 있다.

권력 투쟁

수컷들은 도전보다는 서로의 서열을 인정하는 복잡한 의식에 열중하면서 대부분의 시간을 보낸다. 낮은 서열의 수컷이 으뜸 수컷 앞에서 즉각적인 복종의 몸짓을 하지 않는다면, 소란이 일 수밖에 없다.

네덜란드의 아른헴 동물원에서 있었던 세 마리 수컷 침팬지들 간의 권력 투쟁은 어찌나 치열했던지, 프란스 드 발의 책 《정치하는 원숭이 (Chimpanzee Politics)》가 미국 국회의원을 위한

★ 암컷 침팬지들이 싸움을 말리는 경우도 있다. 수컷이 막 돌을 던지려고 할 때 아무 말 없이 손에 든 돌을 빼앗는 것이다.

추천 도서가 되었을 정도이다. 예룐, 니키, 뤼트의 세 마리 수컷 침팬지가 이용한 사회적 전술은 정치적인 권모술수가 인간에게만 있는 것이 아님을 보여 주었다.

사건은 젊은 뤼트가 늙은 으뜸 수컷 예룐에 도전했을 때 시작되었다. 뤼트는 예룐과 관계가 있는 털고르기 그룹을 계획적으로 흩어 놓으려고 했다. 몇 달 동안, 예룐은 자신을 지지해 줄 침팬지들과 함께 지내는 시간이 점점 줄었고, 뤼트는 결국 가장 높은 서열을 획득할 수 있었다. 그는 또한 패배한 예룐이 또다른 수컷 니키와 함께 지내지 못하도록 하려고 했다. 하지만 이번에는 뤼트의 분열책이 먹혀들지 않았다. 예룐과 니키는 여전히 강도 높은 동맹 관계를 유지했고, 예룐의 지원을 받은 니키는 뤼트를 이길 수 있었다.

으뜸 수컷이 된 니키의 지위는 불안정했다. 다른 침팬지들과의 관계에서 우위를 점하기 위해서 그는 예룐의 후원에 기대야 했다. 예룐은 니키를 계속 지지했다. 그리고 니키와 뤼트가 힘을 합쳐 자신을 공격하는 일이 일어나지 않도록 최선을 다해 노력했다. 그들의 삼각 관계는 한밤의 피로 물든 대결로 파국을 맞았다. 상황을 목격할 수는 없었지만, 심하게 맞은 뤼트의 시체가 나중에 발견되었다. 그의 음낭과 한쪽 다리는 완전히 찢겨 나가 있었다.

친형제

침팬지들이 확보할 수 있는 모든 협력자 중에서 가장 귀한 존재는 친형제이다. 곰비의 침팬지

(a) 곰비의 침팬지 고블린이 으뜸 수컷 피건의 털을 고르고 있다.
(b) 피건이 손을 휘저어 파리를 내쫓자, 이를 위협으로 받아들인 고블린이 비명을 지르며 뒤로 물러난다.
(c) 다시 다독거려 주기를 요청한다.

피건이 으뜸 수컷의 위치를 차지할 수 있었던 것은 형 페이븐이 있었기 때문이다. 젊은 피건은 페이븐이 다른 침팬지들에게 도전할 때면 힘을 합쳤다. 그러던 어느 날 페이븐에게 비극적인 일이 일어났다. 병 때문에 한쪽 팔이 마비된 것이다. 피건은 그 일이 일어나자마자 형의 약점을 이용해서 그를 복종시켰다. 그 뒤 3년 동안, 형제가 함께 보낸 시간은 어미를 만날 때뿐이었다.

피건은 계속해서 낮은 서열의 침팬지들에게 도전했다. 피건 바로 위에는 오래된 놀이친구인

으뜸 수컷이 뻣뻣한 어깨와 활처럼 구부린 등, 그리고 앙다문 입술의 무서운 표정으로 돌진할 때, 다른 침팬지들은 그의 우월성을 추호도 의심하지 않는다. 그의 위세는 모든 침팬지를 압도한다.

젊은 수컷 에버레드가 있었다. 피건과 에버레드는 몇 달 동안이나 서로에게 도전했다. 서로 서열이 다른 침팬지들의 경우에는, 우세한 침팬지가 등을 구부리고 털을 세운 채 위협을 하는 것이 대부분 먹혀들었다. 하지만 이 두 침팬지의 실력은 우열을 가리기 힘들었으므로, 결투 신청이 전면전으로 번지는 일이 많았다. 그리고 대개는 나이가 많은 에버레드가 승리했다. 피건이 16세 되던 해에 페이븐의 태도가 갑자기 바뀌었다. 이따금씩 동생을 지원하기 시작한 것이다. 힘을 합쳐 에버레드에 도전한 형제는 수월하게 승리를 이끌어 냈다.

그러던 중 최상위에서 격변이 일어나면서 두 형제의 사회적 지위는 갑자기 한 단계 도약할 수 있었다. 대머리가 벗겨지기 시작한 늙고 힘이 빠진 으뜸 수컷 마이크가 강하고 공격적인 수컷 험프리에게 갑자기, 그리고 결정적으로 무릎을 꿇은 것이다. '이 일은 6년에 걸친 마이크의 시대가 막을 내렸다.'는 뜻이었다. 제인 구달은 말했다. "마이크는 단 하루 만에 자기 집단의 수컷들 중 가장 낮은 서열로 전락했다. 아직 어린 티를 벗지 못한 침팬지들까지도 그에게 도전장을 내밀기 시작했지만, 마이크는 이에 맞설 생각도 하지 못했다."

새로운 으뜸 수컷 험프리는 자신의 지위를 공고히 하기 위해 에버레드에게 협력을 요청했다. 하지만 그의 시대는 오래가지 못했다. 이번에 사회 관계의 변동을 조장한 것은 페이븐이었다. 이따금씩 피건을 지원하고 그의 반대편에는 결코

가담하지 않는 것을 통해 볼 때, 페이븐은 으뜸 자리에 오르려는 동생을 돕겠다고 굳게 맹세한 것 같았다. 피건이 다른 수컷에게 도전할 때에는 언제나 페이븐이 곁에 있었다. 이렇게 후원해 준 페이븐 덕분에 피건은 험프리를 으뜸 수컷의 자리에서 몰아 낼 수 있었다.

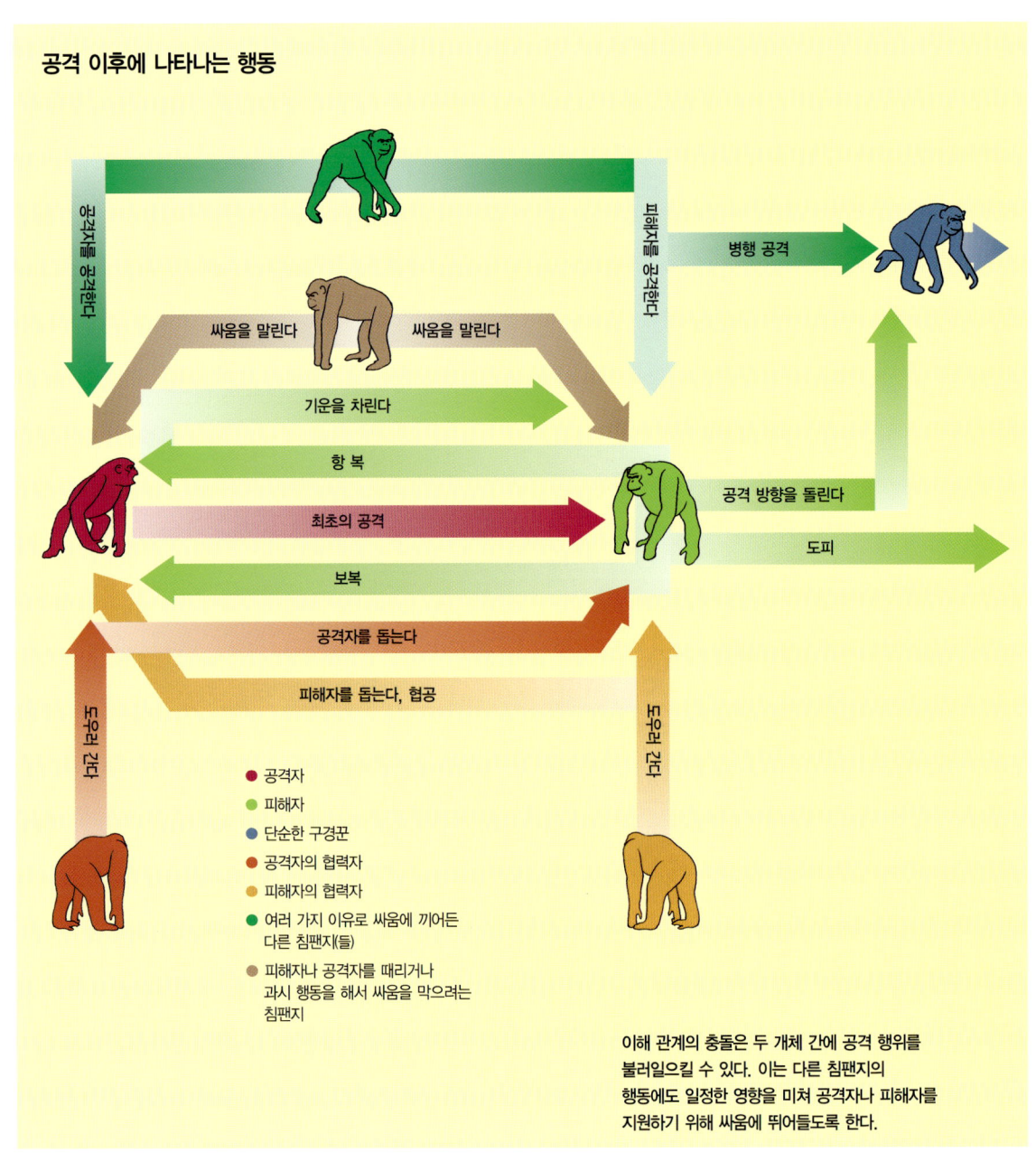

공격 이후에 나타나는 행동

공격자를 공격한다

피해자를 공격한다

병행 공격

싸움을 말린다　　싸움을 말린다

기운을 차린다

항복

최초의 공격

공격 방향을 돌린다

보복

도피

공격자를 돕는다

피해자를 돕는다, 협공

도우러 간다

도우러 간다

- ● 공격자
- ● 피해자
- ● 단순한 구경꾼
- ● 공격자의 협력자
- ● 피해자의 협력자
- ● 여러 가지 이유로 싸움에 끼어든 다른 침팬지(들)
- ● 피해자나 공격자를 때리거나 과시 행동을 해서 싸움을 막으려는 침팬지

이해 관계의 충돌은 두 개체 간에 공격 행위를 불러일으킬 수 있다. 이는 다른 침팬지의 행동에도 일정한 영향을 미쳐 공격자나 피해자를 지원하기 위해 싸움에 뛰어들도록 한다.

수컷의 생식 전략

모든 침팬지 수컷의 관심을 집중시키는 것으로, 커다란 분홍색 엉덩이를 따라갈 것은 없다. 임신을 했거나 새끼에게 젖을 물리는 경우가 아니라면, 암컷 침팬지는 성적으로 민감해질 때에 회음 주위의 피부가 풍선처럼 부풀어오른다. 암컷은 며칠 동안 발정을 한다. 암컷에게 자기 새끼를 임신시키는 것은 모든 수컷의 가장 큰 관심사이다.

행동권을 이리저리 돌아다니는 많은 암컷 침팬지들은 언제라도 발정을 할 수 있다. 문제는 암컷들이 발정했을 때 수컷이 그 자리에 있어야 한다는 것이다. 그렇다면 수컷 침팬지는 어떤 전략을 취해야 할까? 행동권을 이리저리 돌아다니며 여러 마리의 암컷과 마주치기를 기대할까? 이 방법은 위험 부담이 너무 크다. 암컷을 전혀 못 만날 수도 있고, 요행히 만난다고 해도 그 암컷이 벌써 다른 수컷의 새끼를 임신했을 수도 있기 때문이다. 그렇다면 위험도 적고 이익도 적은 전략을 사용해야 할까? 암컷 한 마리를 선택해서 발정할 때까지 충실히 지키는 것이다. 이 경우는 새끼를 하나밖에 얻지 못하겠지만, 그 하나는 분명 자기 새끼일 것이다.

장차 태어날 새끼의 아비가 되려는 마지막 싸움은 은밀한 곳에서 일어난다. 서로 다른 수컷의 정자들은 암컷의 생식기관 속에서 겨루는 것이다. 정자를 많이 내보낼수록, 암컷의 난자를 수정시킬 확률은 더욱 크다. 그런데 정자의 경쟁은

▲ 수컷을 유혹하는 생식기의 팽창은 암컷의 발정기를 알려 준다.

▼ 최고의 위치는 결코 쉬운 자리가 아니다. 으뜸 수컷은 말썽이 생길 것에 대비해 경계의 끈을 늦출 수 없다.

여기에서 한 걸음 더 나아간다. 영장류의 정액 속에는 응고제가 있다. 이런 정액은 암컷의 질 입구에 마개를 만들어서 다른 정자들이 뚫고 들어가지 못하도록 한다.

구애

몸을 굽히고 짝짓기를 하기 전에, 수컷은 먼저 암컷에게 구애 행동을 해야 한다. 수컷은 암컷 앞에 앉아 암컷을 똑바로 보면서 다리를 넓게 벌리고 생식기를 드러내는 식으로 욕구를 표현한다. 다른 몸짓을 곁들일 수도 있다. 근처의 나뭇가지를 흔들거나, 암컷을 향해 손을 뻗거나, 털을 세우는 것이다. 때로는 손가락마디로 땅을 두드리고, 발을 구르거나, 일어서서 거드름을 피우며 걷는다. 암컷이 수컷에게 다가가 엉덩이를 들이밀면 응낙을 한 것이다.

짝짓기는 몇 초 동안 계속되는데 시끄러운 소리가 난다. 수컷은 숨을 헐떡이고 암컷은 비명을 지른다. 10마리 정도의 수컷이 암컷 한 마리와 짧은 순간에 연달아 짝짓기를 할 수 있다. 으뜸 수컷이 갖고 있는 힘을 고려할 때 수컷의 이런 관용은 언뜻 이상하게 보인다. 하지만 수컷들은 행동권을 함께 지키기 위해 힘을 모아야 한다. 암컷에의 접근을 허용하는 것은 이런 협력에 대한 보상인 것이다. 수컷들이 서로에게 이렇게 관대할 수 있는 것은 아비가 될 수 있는 길이 따로 있

◀ 어떤 영장류의 수컷은 자기 새끼가 아닌 어린것들을 죽인다. 암컷 침팬지들은 여러 수컷들과 짝짓기함으로써, 아비가 누구인지 비밀에 부쳐 유아 살해의 위험을 줄인다.

기 때문이다. 중요한 국면에서는 으뜸 수컷이 나선다. 암컷 생식기의 팽창은 암컷이 막 배란하려고 할 때 최고조에 이르는데, 이 때의 임신 가능성이 가장 높다. 수컷들은 그 시기가 대략 언제인지 아는 것 같다. 아마 부풀어오른 생식기의 크기와 질 분비물의 냄새로 알게 될 것이다. 이 때, 으뜸 수컷은 자신의 지위를 이용해서 암컷의 곁을 지킨다. 으뜸 수컷이 있으면 다른 수컷들은 그 암컷과 짝짓기할 엄두도 내지 못한다.

배우자

낮은 서열의 수컷들이 중요한 시기에 암컷을 이런 식으로 독점할 수는 없다. 암컷의 생식기가 팽창하기 시작하고 한동안은 암컷을 임신시킬 가능성이 희박하다. 다른 모든 수컷과 함께라면 더욱 그렇다. 그렇다면 암컷과 단둘이 있어야 할 것이다. 그래서 수컷은 한 암컷과 특별한 관계를 맺으려고 노력한다. 단기적으로 일부일처의 관계를 맺는 것이다.

제일 먼저 할 일은 암컷을 꾀는 것이다. 가장 좋은 시기는 암컷 침팬지는 생식기가 부풀어오르기 시작했지만 아직 다른 수컷 침팬지들이 눈치를 채지 못했을 때이다. 수컷은 평상시와 같은 구애 행동을 하는데, 이번에는 암컷이 다가오면 자리에서 일어나 다른 곳으로 이동한다. 그리고 어깨 너머로 암컷이 따라오는지를 살핀다. 암컷이 따라오지 않으면 수컷은 처음부터 다시 시작한다. 그래도 암컷의 마음이 내키지 않는 것 같으면, 수컷은 더욱 적극적으로 과시 행동을 하면서 온

정성을 쏟는다.

일이 제대로 진행되면 수컷은 암컷을 데리고 재빨리 다른 곳으로 간다. 아무 소리도 들리지 않는 곳에 가면, 두 침팬지 모두 긴장을 푼다. 다른 침팬지는 보이지 않는다. 다른 침팬지들로부터 너무 멀리 떨어져 나온 암컷은 이제 안전을 위해서 배우자에 달라붙을 수밖에 없다. 그들은 서로 자주 털고르기를 해 준다.

이런 배우자 관계는 몇 시간에서 몇 주까지 지속된다. 암컷을 발정기 내내, 또는 평생 동안 곁에 둘 수 있다면, 그 수컷은 아비가 될 수 있는 확실한 기회를 잡은 것이다. 하지만, 다른 발정기의 암컷을 얻으려는 경쟁에서는 탈락한다.

 침팬지의 성행위 시간은 6초에서 7초 정도이다. 이는 고릴라의 1분에 비해 10배나 빠르고, 오랑우탄의 11분에 비해 100배나 빠른 것이다.

암컷의 생식 전략

암컷도 수컷과 같은 목표를 갖고 있다. 자신의 유전자를 가능한 한 많이 다음 세대에 물려주는 것이다. 침팬지는 한 번에 한 마리의 새끼를 낳는데, 그들은 긴 유아기를 필요로 한다. 새끼를 다섯만 낳아도 성공한 암컷이다. 따라서 곰비의 암컷 피피가 모두 8마리를 낳은 것(한 마리만 죽었다)은 극히 드문 성공 사례이다. 일단 새끼가 태어나면, 어미는 새끼가 제 앞가림을 할 수 있을 때까지 엄청난 시간과 노력을 들여 돌봐 준다. 침팬지의 암컷들은 좋은 부모가 되는 일에 수컷들보다 훨씬 더 관심이 많다. 암컷의 유전적인 성공의 열쇠는 새끼를 잘 키워 어른이 되게 하는 것이다. 이는 무조건 짝짓기를 많이 한다고 해서 되는 일이 아니다.

그렇다면 새끼가 태어나기 전에는 어떨까? 어떤 개체가 갖고 있는 유전자의 절반은 아버지로부터 받은 것이다. 암컷은 새끼에게 가장 훌륭한 아버지를 갖게 함으로써 그의 유전적인 특징에 커다란 영향을 미칠 수 있다. 따라서 암컷은 자녀를 위해 수컷의 몇 가지 특징, 즉 넘치는 활기와 건강, 힘, 크기, 매력 등을 중요시 여긴다.

공격적인 수컷들은 시끄러운 소리를 내면서 분홍색이 된 암컷을 놓고 서로 싸우기도 하고, 암컷을 불러내 짝짓기를 한다. 이에 비해, 암컷들은 어느 수컷의 새끼를 가질 것인가에 대해 거의 발언권이 없는 것처럼 보인다. 하지만 암컷에게도 어느 정도의 선택 가능성은 있다.

생식기가 부풀어오르기 시작할 때, 암컷은 짝짓기를 원하는 모든 수컷들에게 협력한다. 하지만 이런 암컷도 배란기에 들어가 새끼를 임신할 가능성이 커지면, 최고 서열의 한두 수컷만 받아들이는 것이다. 장차 태어날 새끼의 아비는 십중팔구 이 수컷들 중 하나가 된다.

암컷 침팬지들은 두 마리 이상의 수컷과 연달아
짝짓기하는 경우가 많다. 곰비에 바나나가 제공될
때처럼, 먹이 자극이 있으면 그럴 가능성이 더 크다.

사진에서는 입에 바나나를 문 리키가 손을 들어 지지에게
짝짓기를 요구한다(a). 골리앗이 접근하자(b, c), 지지는
골리앗과도 짝짓기를 한 뒤(d, e) 나무 위로 피한다(f).

싫다고 하든지, 가버리든지

수컷의 수가 암컷과 거의 비슷한 곰비에서는,
수컷들이 암컷들에게 자신의 뜻을 강요하기 쉽
다. 하지만 타이에서, 암컷이 수컷보다 세 배나
많고 비교적 강한 유대를 형성하고 있어서 수컷
들의 압력에도 더욱 잘 대항할 수 있다. 물론 모
든 수컷들에 대해 같은 영향력을 미칠 수는 없
다. 으뜸 수컷에게 싫다고 하는 것은 용납되지
않는다. 반면 서열이 낮은 수컷들은 거절하기도
쉽다.

수컷 침팬지들은 자신이 태어난 집단에 머물
기 때문에 서로 친척일 가능성이 높다. 근친 번
식의 위험을 피하기 위해 다른 집단으로 이주하
는 것은 암컷들이다. 어떤 암컷들은 영원히 고향
을 등진다. 이런 이주는 암컷들이 젊고 성적 매
력이 있을 때 가장 잘 이루어진다. 이웃 집단의
수컷들로부터 따뜻한 환대를 받을 수 있기 때문
이다(그 곳의 암컷들로서는 새로운 경쟁자의 등장
이 그리 달갑지 않겠지만). 한동안 암컷은 자기 고
향에 살면서 새로 선택한 집단을 몇 차례 방문한
다. 그래서 암컷이 완전히 다른 집단으로 이주하
기까지는 시간이 걸린다. 암컷은 대부분 첫째를
임신한 기간 동안 한 집단에 정착한다. 어떤 암
컷들은 몰래 경계를 넘어가 양질의 정자를 모으
고 다시 집으로 돌아오기도 하는데, 같은 집단의
수컷들은 아무것도 모른다. 곰비에서는 약 30 %
의 임신이 다른 집단의 수컷들과의 짝짓기를 통
해 이루어진 것으로 확인되었다.

보노보의 성

인간 이외의 모든 동물들에게 성은 생식을 뜻한다. 하지만 보노보의 경우에는, 성이 생식과 함께 인사, 놀이, 지배, 화합, 공유, 협상, 위안, 안식, 즐거움 등을 뜻한다. 보노보의 성행위는 온갖 파트너들과 다양한 자세로 이루어진다. 보노보는 분명히 성을 갈망하는 것처럼 보인다.

이에 비해 다른 영장류들은 그렇게 자주 성행위를 하지 않는다. 보노보의 성은 털고르기를 대신한 사교의 수단으로서, 집단의 구성원들을 단단히 결속해 주는 역할을 한다. 그들은 의견 차이가 생길 때마다 성으로 해결한다. 공격성도 성으로 진정시킨다. 두 마리 보노보가 한동안 서로 만나지 못했다면, 성으로 인사를 나눈다. 무언가 원하는 게 있으면 성과 바꾸는 거래를 한다.

암컷의 동맹

보노보에 대한 정보가 쌓이면서 한 가지가 분명해졌다. 서로 혈연 관계가 아닌 암컷들의 단결이 보노보 집단 형성의 기초가 된다는 것이다. 암컷들은 일종의 '동맹 관계'를 맺고서 그것을 통해 수컷들을 지배한다(아니면 적어도, 수컷이 자신들을 지배하지 못하도록 한다). 수컷 보노보들은 침팬지들처럼 서열이나 정치 문제에 관해 그렇게 신경을 곤두세우지 않는다. 그래도 으뜸 수컷의 자리를 놓고는 치열한 다툼을 벌인다.

으뜸 수컷 자리에 오르는 것은 대개 높은 서열의 어미를 둔 것들이다. 서열이 낮은 암컷의 아들들은 실패한다. 보노보에 대한 연구가 이루어진 왐바에서, 가장 높은 서열의 암컷은 케임이었다. 그는 세 아들을 두었는데, 맏아들 이보가 으뜸 수컷이었다. 그러던 중 다른 젊은 수컷 텐이

◀ 보노보들은 어릴 때부터 생식기와 생식기를 맞비비면서 성과 사회 생활의 기술을 연습한다.

▶ 보노보들은 성행위와 관련해서 침팬지보다 풍부한 발성, 표정, 몸짓을 갖는다.

케임의 아들들에게 도전하기 시작했다. 하지만 텐은 이보에게 당하기만 했다. 그러나 힘세고 건강한 텐의 어미가 관여하자 상황은 일변했다. 텐의 어미는 격렬한 싸움 끝에 혼자서 이보를 물리쳤다. 그러고는 늙은 케임에 도전해서 다시 승리를 거두었다. 케임은 으뜸 암컷의 지위를 빼앗겼다. 어미 케임마저 패하자 이보는 으뜸 수컷자리를 텐에게 물려줄 수밖에 없었다. 케임이 죽은 뒤 그 아들들의 서열은 더욱 떨어졌다.

보노보들은 보통, 먹이를 얻으려고 무는 정도의 가벼운 공격만 가한다. 서로 다른 집단의 구성원들이 행동권의 경계에서 만나는 경우, 그들은 경고음을 몇 번 내지를 뿐 폭력을 행사하는 일은 거의 없다. 보노보들은 대체로 폭력적인 사태를 빚지 않고 갈등을 해결하는 쪽을 택한다.

★ 보노보들은 이따금씩 땅 위에 '금기의 보금자리(터부 네스트)'를 만들어서, 낮 동안 쉬면서 털고르기를 하거나 놀 수 있는 사적인 공간을 확보한다. 초청이 없는 한, 어떤 보노보도 그 곳에 들어가려 하지 않는다.

야생의 지능

야생의 지능

서아프리카 기니의 침팬지들은 이런 것을 본 적이 없었다.
기름야자가 주렁주렁 열리는 숲에서 사는 그들인 만큼, 야자 열매
먹는 법은 이미 알고 있었다. 적당한 돌멩이를 고르고 아몬드처럼 생긴
야자 열매를 든든한 돌덩이 위에 올려놓은 뒤, 돌멩이를 들어올려
깨뜨리면 되었다. 하지만 이 열매는 달랐다. 모양도 둥근 데다
이빨로는 도저히 벗겨 낼 수 없는 두꺼운 껍질로 싸여 있었던 것이다.
그 때 서른한 살의 암컷 요가 다가왔다. 요는 새 쿨라넛들을 받침대 위에
쌓아올리더니 어린 침팬지들이 지켜보는 앞에서 그것을 깨뜨려 먹었다.
이틀 뒤, 여섯 살배기 수컷이 연습 과정도 없이 쿨라넛을 깨뜨려 먹더니
금방 뱉어 냈다. 젊은 암컷도 똑같이 따라했다. 그리고 오래지 않아
두 침팬지는 새로운 열매를 맛보기 시작했다. 2주일 뒤, 연구원들은
그 '이상한' 열매의 공급을 끊었다. 요는 그 맛이 그리웠을 것이다.
요는 원래 기니 출신이 아니라, 기니와 시에라리온 국경선 너머 10 km
떨어진 곳으로부터 이주해 온 침팬지였다. 그 곳 침팬지들은 쿨라넛을
깨뜨려 먹는다.

◀◀ 침팬지는 사람을 제외하면, 자연 상태에서 도구를 만들고 다듬을 줄 아는 유일한 동물이다.
어린 침팬지 한 마리가 이끼 낀 나뭇가지에서 물을 빨아먹고 있다.

환경의 이용

해달은 누워서 헤엄치면서 배 위에 조개를 올려놓고 돌로 껍질을 깨서 먹는다. 갈라파고스 핀치는 선인장 가시를 부리에 물고 나무 틈새의 먹이를 찍어 먹는다. 이집트대머리수리는 타조의 알을 돌로 깨 먹는다. 이들은 모두 도구를 사용한다.

동물들의 이런 행동은 극히 드물어서 사람들의 관심을 끌기는 하지만, 이들의 도구 사용은 극히 기계적이다. 이들은 모두 천편일률적으로 똑같은 행동을 보여 준다. 언제나 같은 도구를 같은 방식으로 사용한다. 하지만 침팬지의 도구 사용은 전혀 다른 차원이다. 침팬지들은 작업의 성격에 따라 각각 다른 도구를 사용한다. 뿐만 아니라 도구를 제작하거나 적당하게 다듬기도 한다. 심지어 침팬지들은 물건들을 이용해서 새로

운 문제를 풀기도 한다. 침팬지들은 다양한 물건들 사이의 관계를 이해할 수 있을 정도로 영리하다. 융통성이 있으며, 실험 정신과 기억력, 계획성도 있다. 이보다 더 중요한 것은, 침팬지들은 도구를 이용해서 환경을 최대한 활용할 수 있다는 점이다.

단단한 껍질열매 깨뜨리기

많은 식물은 귀중한 씨앗이 병에 걸리거나 배고픈 동물들에게 먹히지 않도록 보호하기 위해 금고(단단한 껍질이나 가시가 많은 꼬투리) 속에 보관한다. 많은 지역의 침팬지들은 단단한 껍질열매는 깨뜨리기가 힘들기 때문에 그냥 내버려 둔다. 하지만 서아프리카의 경우는 다르다. 타이 포리스트 국립공원에는 다섯 종류의 견과류가 있다. 타이 침팬지들을 오랫동안 관찰한 연구자들은, 독창적인 망치와 받침대를 이용한 침팬지

타이에 단단한 껍질열매의 계절이 오면, 열매 껍질 깨뜨리기 '작업장'이 만들어진다. 침팬지들은 같은 망치를 가지고도 힘의 강약을 조절할 수 있어서, 세게 두드리기도 하고, 톡 하고 가볍게 치기도 한다.

들의 견과류 쪼개기 기술을 목격할 수 있었다. 침팬지들은 우선 견과류를 모아 받침대(단단히 고정된 돌덩이나 땅 위로 나온 나무뿌리) 위에 놓는다. 좋은 받침대는 많지 않기 때문에 때로는 줄을 서야 한다. 어떤 열매들은 다른 것보다 더 단단하다. 그래서 침팬지들은 망치(무게는 280 g 에서 20 kg까지 다양하다)를 신중히 선택한 뒤에 적당한 힘으로 내리쳐 열매를 깨뜨린다. 이는 숙달하기 어려운 기술로, 암컷들은 자기들이 미리 쪼개서 열어 놓은 열매를 나누어 주면서 자식들에게 동기를 부여한다.

이런 식의 도구 사용으로 타이 침팬지들의 먹이 활용 범위는 매우 커진다. 한창때에는 단단한 껍질열매를 하루 평균 270개(약 4000 kcal)나 따먹을 수 있다. 주위에 이런 열매가 많으면, 침팬지들은 하루에 3시간이나 껍질을 쪼개면서 시간을 보낸다. 계속된 사용으로 받침대는 닳아서 매끄러워지고, 땅바닥에는 빈 껍질들이 수북하게 쌓인다.

도구와 무기의 사용

벌이나 개미 같은 다른 사회성 곤충들처럼, 흰개미는 많은 수가 떼를 지어 산다. 흰개미들은 진흙을 굳혀서 피라미드 같은 모양의 집을 짓는데 그 높이가 몇 m에 이른다. 그 속에는 수많은 통로로 연결된 여러 개의 방이 있다. 어떤 침팬지들은 흰개미를 '낚시질' 해서 흰개미를 밖으로 끄집어 낸다. 이런 행동을 처음 발견한 것은 곰비의 제인 구달이었다. 그 전까지 진정한 의미의 도구 사용은 사람만의 특성으로 생각되었다.

침팬지들은 제일 먼저 낚싯대를 선택하는데, 가느다란 줄기나 나뭇가지, 덩굴, 풀 줄기 등이 쓰인다. 적당한 도구를 고르기 위해서는 경험이 있어야 한다. 알맞은 두께와 유연성, 길이(약 28 cm)가 적당한 것을 골라야 하기 때문이다. 침팬지들은 낚싯대에 붙은 잎들을 다 떼어 낸 다음, 그 끝을 흰개미집 입구에 찔러 넣고 기다린다. 그러고는 흰개미들이 떨어지지 않도록 조심

◀ 도구는 동물이 먹이를 찾는 것 같은 단기적인 목표를 달성하기 위해 이용하는 물건을 말한다.

▶ 막대기, 돌, 나뭇가지, 그리고 때로는 물 같은 것들이 공격적 과시 행동의 효과를 더 크게 해 준다.

어떤 침팬지들은 물을 잔뜩 머금은 커다란 뿌리를 캐내서 물 부족을 극복한다. 침팬지들은 그 뿌리를 마치 물병처럼 갖고 다니면서 나누어 먹는다.

다. 이들은 우선 개미집을 부순 다음 화가 난 개미 떼 속에 길고 단단한 나뭇가지, 즉 '지팡이'를 담근다. 개미들이 이 지팡이를 타고 절반쯤 올라오면, 침팬지는 다른 손으로 개미들을 쓸어 모아 입 속에 집어 넣는다. 그러고는 개미들에게 물리지 않도록 마구 씹는다. 나무 구멍 속에 고인 빗물에 입이 닿지 않으면, 그들은 나뭇잎들을 꾸깃꾸깃 뭉쳐서 스펀지처럼 만들어 빗물에 적셔 먹기도 한다. 또한 한 줌의 나뭇잎으로 몸에 묻은 끈끈한 과일즙이나 오줌, 피, 진흙, 점액, 정액, 대소변을 닦아내기도 한다.

곳에 따라 다르게 나타나는 도구 사용의 양상은 환경으로 설명할 수 있다. 무엇보다 재료가 없는데, 그것을 사용할 수는 없는 노릇이기 때문이다. 곰비에는 흰개미들이 많았고, 따라서 흰개미 낚시질이 흔한 풍경이 되었다. 타이에는 단단한 껍질열매들이 많았다. 따라서 어린 침팬지들은 다른 침팬지들을 보고 견과류 깨뜨리는 연습을 할 기회가 많았다. 주위에 단단한 껍질열매가 없다면 이런 기술을 배우는 것은 아무 쓸모도 없을 것이다.

조심 줄기를 빼내서 흰개미를 훑어 먹는다.

흰개미 철이 되면, 침팬지들은 거의 매일 이 도구를 사용한다. 하지만 건기에는 흰개미 낚시질을 그리 자주 하지 않는다. 건기가 되면 그것들이 흰개미집의 둔덕 깊숙이 들어가 잡기가 어렵기 때문이다. 하지만 콩고 은도키 숲의 침팬지들은 이 문제를 해결해서 일 년 내내 흰개미들을 먹을 수 있다. 그들은 한 가지 도구만 사용하는 것이 아니라, 일종의 공구 세트를 갖고 있다. 우선 그들은 단단한 '송곳 막대'를 이용해서 흰개미 둔덕 속으로 훤히 구멍을 뚫는다. 그러고는 낚싯대로 쓸 낭창낭창한 나뭇가지를 집어든다.

흰개미와 달리 땅 속에 둥지를 트는 군대개미를 잡기 위해서는, 또 다른 도구와 기술을 사용한

◀ 도구를 사용하기 위해서는, 목표 달성을 위해 물건을 어떻게 사용할지 '아는' 능력과 손재주가 필요하다.

▲ 대개, 어떤 재료를 도구로 쓰기 위해서는 부분적으로 변형을 해야 한다. 이는 침팬지들이 최종 생산물의 모습과 그 제작 방법을 머릿속에 그려야 한다는 뜻이다.

문화

침팬지 개체군들이 보여 주는 서로 다른 행동 양식 중에서 일부는 환경 요인으로 설명할 수 없다. 동물학자들은 이렇게 같은 종의 독립된 집단들이 서로 다른 행동 양식을 갖는 것을 '문화'라는 용어로 설명한다.

행동은 두 가지 방식으로 전달된다. 첫째는 유전적인 방식이다. 동물들은 특정한 행동의 능력을 갖고 태어난다. 이것을 본능이라고 한다. 금방 알껍질을 깨고 태어난 새는 제일 먼저 본 것(대부분 어미새)을 '각인'하고, 그 때부터 그것만 따라다닌다. 따라서 사육되는 새끼새들이 부화 직후 결정적인 기간 동안 사람이나 어떤 무생물을 보게 되면, 그것들을 각인해서 쫓아다니게 된다. 마치 신체적 특징처럼 유전되는 이런 행동 양식은 생물의 진화 과정에서 획득된 것이다.

이에 비해 어떤 행동은 훨씬 더 유연한 특징을 갖는데, 이는 유전되는 것이 아니라 사는 동안 습득되는 것이다. 그리고 많은 개체들이 한 가지 행동 양식을 습득해서 그것이 개체군 전체에 나타나면, 하나의 문화가 된다. 그 행동 양식은 문화의 진화 과정을 통해 발전하고 변화하며, 문화의 전달 과정을 통해 퍼진다.

고구마 이야기는 어떤 행동 양식이 사회적으로 전파되는 것을 보여 주는 가장 유명한 일화이다. 연구자들은 일본원숭이들이 먹을 고구마를 바닷가에 던져 놓았다. 고구마에 모래가 묻었다. 어느 날, 한 암컷이 다른 원숭이들은 한 번도 한

침팬지들은 자연 환경에서 최대한 많은 것을 얻기 위해, 복잡한 사회 생활 속에서 끊임없이 높은 지능을 이용하고 있다.

적이 없는 행동을 했다. 고구마를 가지고 가서 바닷물에 모래를 씻어 낸 것이다. 다른 원숭이들도 이 요령을 터득했고, 오래지 않아 모두 고구마를 씻어 먹게 되었다. 현재 처음에 고구마를 씻었던 일본원숭이들은 모두 죽었지만, 먹이를 씻는 행동은 여전히 이루어지고 있다. 또 하나의 예가 있다. 예를 들어, 고운 소리로 우는 많은 새들은 문화적인 학습을 통해서 자기 종 고유의 울음소리를 익힌다. 대부분의 종에서, 문화적으로 전달되는 행동은 한 가지에 불과하다. 하지만 침팬지의 경우는 이런 행동이 거의 40가지에 이른다.

연구자들은 일곱 곳에서 장기간에 걸쳐 진행된 침팬지 연구에서 얻은 침팬지의 문화 행동에 관한 정보를 서로 공유해 왔다. 탄자니아의 마할리(두 곳)와 곰비, 우간다의 부동고와 키발리, 기니의 보수, 코트디부아르의 타이가 그 곳들이다. 그들은 여러 현장에 대해 학습된 행동을 비교하면서 서로 다른 집단 간에 문화적 차이가 나타나는지를 확인했다. 문화적 행동으로 기대를 모은 65가지의 행동 중에서 26가지는 제외되었다. 어떤 것은 환경 요인에 따른 차이를 포함하고 있었다. 예를 들어, 사자나 표범 같은 포식자들이 많은 지역에서는 땅바닥에 잠자리를 만들지 않는다. 또 나뭇잎 스펀지 만들기, 나뭇가지 흔들어 관심 끌기, 줄기 두드리기, 과시 행동을 하는 동안 나뭇가지 끌어당기기 등은 모든 곳에서 이루어지고 있었다. 그리고 어떤 행동들은 의미가 있다고 볼 수 있을 정도로 광범위하지 않았다(예를 들어, 지팡이를 써서 가시덤불을 뛰어넘는다든지 나뭇가지로 콧구멍을 후비는 일 등).

이로써 문화적 차이로 볼 수 있는 39가지 행동이 남았다. 어떤 집단에서는 흔히 볼 수 있는 것이지만 다른 집단에서는 볼 수 없는 행동들이다. 침팬지 집단들 사이에서도, 침팬지와 보노보

사이에 존재하는 것만큼이나 많은 차이가 나타났는데, 이는 행동상의 차이가 유전 형질과 무관하다는 뜻으로 볼 수 있다. 그 중에는 도구의 사용, 털고르기, 구애 등 생존 기술이나 사회성과 관련된 것이 많았다. 예를 들어, 타이와 마할리, 키발리의 침팬지들은 한 손을 높이 쳐들고 다른 손으로 털고르기를 해 주곤 하는데, 다른 곳에서는 이런 일을 볼 수 없다. 비춤, 즉 돌풍이 불면서 폭우가 쏟아질 때 일어나는 과시 행동은 보수를 제외한 모든 곳에서 이루어진다. 곰비 침팬지는 유일하게 물건을 이용해서 몸을 간질이고, 또 유일하게 '나뭇잎 잘라내기'를 하지 않는 침팬지이다. '나뭇잎 잘라내기'는 수컷이 시끄러운 소리를 내며 뻣뻣한 나뭇잎을 물어뜯었다가 작은 조각을 내뱉으면서 암컷의 주의를 끄는 행동이다. 나뭇가지를 이용해서 뼈 속의 골수를 발라 내는 것은 타이 침팬지들뿐이다. 부동고 침팬지들은 나뭇잎으로 회충을 검사하지만, 곰비에서는 나뭇잎을 이용해서 회충을 눌러 죽인다. 키발리 침팬지들은 나뭇잎을 상처에 가볍게 대고 토닥거리는 행동을 가장 많이 한다.

이런 조사 결과는 연구자들을 놀라게 했다. 그 전까지 침팬지들에 대해 알려진 것보다 훨씬 더 광범위하고 풍부한 문화적 행동 변화의 양상을 발견한 것이다. 문화 전달이 어떻게 일어나는가에 대해서는 과학자들 사이에서도 의견이 엇갈리고 있다.

학습

동물들은 일을 하는 방법을 스스로 알아낸다. 그리고 어떤 행동들은 다양한 사회적인 학습을 통해서 익힌다. 어린 침팬지는 어미가 하는 것을 보고 흰개미 낚시를 익힌다. 그리고 자라나는 수컷들은 으뜸 수컷의 행동을 모방함으로써 과시 행동을 연습한다. 받침대 주위에 흩어진 단단한 열매의 껍질들은 암컷의 관심을 끈다. 어린 침팬지는 누가 시키지 않아도 먹을 것을 시험해 보

거울에 비친 나

원숭이들은 거울에 비친 자신의 모습에 공격적인 반응을 보인다. 그리고 그 모습이 자기 자신이라는 것을 절대로 알아내지 못한다. 반면, 침팬지와 오랑우탄은 며칠만 지나면 그것이 자신의 모습임을 깨닫는다. 고든 갤럽(Gordon Gallup)은 유명한 실험을 통해 이 사실을 증명했다. 그는 침팬지들을 거울에 익숙하게 한 뒤, 그들이 눈치채지 못하도록 이마에 물감을 칠해 놓았다. 침팬지들은 거울에 비친 얼굴을 보자마자 즉시 이마의 물감에 손을 댔다. 이 결과를 보고 많은 과학자들은 침팬지들이 '자아 개념'을 갖고 있다는 결론을 내렸다. 침팬지들은 자신이 누구인지 알고 있다는 것이다.

도구를 써서 얻은 먹이를
나누어 먹는 일은 극히 드물다.
따라서 타이의 어미침팬지들이
단단한 껍질열매를 자식들과
나누는 것은 예외적인 일이다.
새끼의 열매 깨뜨리기 솜씨가
좋아질수록, 어미가 나누어 주는
열매는 줄어든다.

고, 맛을 보고, 가지고 논다. 새끼가 독이 있는 식물을 먹어 보려고 하면 어미는 적극적으로 막는다. 그렇다면 어미가 새끼를 가르친다고 보아야 할까? 이 질문에 대해서는 많은 논란이 있다. 정말로 가르치는 것이 되려면, '선생님'에게 가르치려는 '의도'가 있어야 한다. 그런데 동물들의 '의도'를 관찰해서 판단할 수는 없다. 한 가지 해결책은 '선생님'이 학습자의 행동을 평가해서 '수업 방법'을 수정하는가를 확인하는 것이다. 이런 경우는 극히 드물다.

야생 침팬지들에게서 이런 일을 볼 수 있는 것은 단단한 껍질열매를 깨뜨리는 타이의 침팬지들뿐이다. 크리스토프 보슈는 암컷 리시와 다섯 살 된 딸 니나의 이야기를 들려 주었다. 리시는 니나에게 나눠 주던 열매의 양을 줄이기 시작했다. 그 대신 껍질이 그대로 있는 열매와 망치를 주었다. 리시는 딸의 수준에 맞추어서 이 일을

했다. 어느 날, 리시가 지켜보는 가운데 니나가 애써 열매의 껍질을 깨고 있었다. 니나는 망치 잡는 법을 바꾸기도 하고, 열매를 이리저리 옮겨 보기도 했지만, 신통치 않았다. 8분 뒤 리시가 딸에게 걸어갔다. "니나는 즉시 그 성가신 망치를 건네주었다." 보슈는 말했다. "리시는 신중한 태도로 천천히 망치를 돌려 열매 껍질을 깨기에 가장 좋은 방향을 잡았다. 마치 이 움직임의 의미를 강조하려는 듯이, 리시는 꼬박 1분이나 걸려 이 간단한 동작을 마무리했다." 그러고는 니나가 뚫어지게 지켜보는 가운데, 열 개의 열매를 쪼개 열었다. 니나는 그 중 여섯 개를 먹었다. 니나는 다시 망치를 넘겨받았다. 그리고 어미가 시범을 보여 준 것과 똑같은 방법으로 망치를 잡고 제 힘으로 몇 개의 열매 껍질을 쪼갰다. 보슈는 이렇게 말했다. "리시의 행동은……, 야생 동물들에서는 처음으로 확인된 가르침이었다."

함께 일하기

침팬지들 사이의 협력은 사냥은 물론, 다른 침팬지 집단에 대항해서 자신들의 행동권을 지키기 위해서도 반드시 필요한 일이다. 이런 활동은 상당한 지적 능력을 필요로 한다. 계획을 세우고, 전략적으로 생각하고, 다른 침팬지들의 행동을 예측해야 하기 때문이다.

순찰

침팬지들에게 행동권은 매우 중요한 의미를 갖는다. 집단이 커질수록 더 많은 자원이 필요하다. 또한 이웃의 침팬지 집단이 자신들의 행동권을 침범하도록 내버려 두어서는 안 된다. 따라서 1주일에 두세 번은 한 무리의 수컷 침팬지들이 (암컷들을 뒤에 달고) 행동권의 경계를 순찰한다.

순찰을 도는 침팬지들의 행동은 평소에 돌아다닐 때 보이는 행동과는 전혀 다르다. 순찰하는 침팬지들은 질서 정연하게 무리를 지어 걷는데 (때로는 일렬종대로 걷는다), 단호하고 신중하고 긴장한 모습이다. 그들은 종종걸음을 멈추고 귀를 기울이면서 주위를 둘러본다. 때로는 나무 위로 올라가 이웃 집단의 행동권을 살핀다. 그들은 완전히 침묵을 지키고, 심지어는 나뭇잎을 밟지 않으려고도 한다. 잘 알지 못하던 곳으로 깊이 들어가게 되면 몸의 털들이 곤두선다.

갑자기 어떤 소리가 나면, 그것이 잔가지가 탁 하고 부서지는 대수롭지 않은 소리라고 해도, 깜짝 놀라면서 두려움에 이를 드러내고 손을 뻗어

말하는 유인원

1950년대 중반에 연구자들이 처음으로 침팬지들에게 말을 가르치려고 했을 때, 그들은 몇 개의 억눌린 소리밖에 얻지 못했다. 오늘날, 사육되는 보노보 칸지(Kanzi)(아래 사진)는 이런 말들을 할 수 있다. '칫솔을 레모네이드 속에 넣으세요.', '리즈의 머리를 빗겨줄 수 있나요.', '고릴라 인형을 감추세요.' 차이점이 있다면 칸지가 키보드 위의 기호들을 가리킨다는 것이다. 다른 침팬지들은 기호 언어로 수백 개의 단어를 배울 수 있었다. 사람의 아기는 목구멍 속에 성대가 있어서 말을 할 수 있다. 침팬지에게는 이런 일이 일어나지 않는다. 따라서 소리를 낼 필요가 없을 때, 침팬지는 사람의 언어를 훨씬 더 잘 배운다. 칸지의 연구자이자 선생님인 수 새비지-럼보(Sue Savage-Rumbaugh)에 따르면, 칸지는 650가지가 넘는 구두 문장을 이해하고, 생후 3.5년의 아이가 구사하는 정도의 문장을 만들 수 있다고 한다.

▲ 때로는, 행동권의 경계선 근처에서 침팬지들이 음식을 먹고 있다가, 한 무리의 수컷들이 갑자기, 그리고 조용히, 이웃 지역으로 순찰을 떠나기도 한다.

◀ 순찰은 주로 이웃들에 대한 정보를 모으고 그들에게 불안감을 주기 위한 것으로 보인다. 높은 나무 위에서는 낯선 지역을 잘 관찰할 수 있다.

 **팬트훗**

숨을 몰아쉬며 소리를 내는 것을 팬트훗(pant-hoot)이라고 한다. 침팬지들이 가장 많이 내는 소리가 이것이다. 팬트훗은 처음에는 낮은 소리로 우우 하다가 으르렁거리는 소리가 되거나 째지는 비명 소리가 된다. 그 소리는 3km가 넘는 곳까지 전달되는데, 침팬지들은 서로 다른 '목소리'를 갖고 있다. 나무 줄기를 내리치는 소리가 함께 들려오기도 한다. 수컷들은 들려온 소리의 $\frac{2}{3}$에 팬트훗으로 응답하지만, 암컷들은 $\frac{1}{3}$에만 응답한다. 팬트훗은 늑대들이 소리를 길게 뽑으며 우는 것과 같은 기능을 하는 것처럼 보인다. 침팬지들이 그 소리로 서로 연락을 취한다는 것이다. 으르렁거리는 팬트훗은 동료들 사이의 접촉을 유지하기 위해 사용되는 것으로 보인다. 순찰을 도는 수컷들은 팬트훗을 이용해서 상대방의 수를 파악한다. 울부짖는 팬트훗은 먹이가 발견되었음을 알린다. 먹이가 많을수록, 팬트훗도 많아진다.

서로를 만지거나 껴안는다. 순찰을 도는 데에는 보통 몇 시간이 걸리는데, 침입자의 흔적을 살피는 것이 주된 임무이다. 침팬지들은 버려진 과일이나 도구의 냄새를 맡아 보기도 하고, 새로 생긴 잠자리를 검사하기도 한다. 침팬지들은 냄새를 통해서 낯선 침팬지의 성과 나이를 아는 것으로 보인다. 행동권은 자주 겹치므로, 다른 침팬지 무리를 마주치는 경우도 생긴다.

한 무리에 두 마리 이상의 침팬지가 있으면 그들은 결코 공격하지 않는다. 그들의 힘을 종잡을 수 없기 때문이다. 그리고 근처에 훨씬 더 큰 무리가 있다는 것을 소리로 알게 되면, 순찰 침팬지들은 조용히 그 곳을 빠져 나가려고 한다. 그러다가 잘 아는 곳으로 돌아오면, 순찰대는 해체된다. 그리고 침팬지들은 갑자기 맹렬한 과시 행동과 커다란 울부짖음으로 긴장을 푸는 것처럼 보인다.

서로 마주친 두 무리가 대등하게 보일 경우에는, 안전한 거리를 두고 일제히 소리를 지르거나 숨을 헐떡이며 과시 행동을 한다. 그러고는 상대편의 응답에 귀를 기울인다. 그리고 시끄러운 소리와 함께 그들의 주된 활동 영역으로 철수한다. 이렇듯 이웃들에게 자신들의 존재를 일깨우는 것만으로도 충분히 순찰의 목적을 달성한 것이다. 폭력을 사용하지도 않고, 다치는 일도 없다. 단지 효과를 노리고 그런 시늉을 할 뿐이다.

하지만 순찰 침팬지들이 홀로 떨어져 있는 수컷이나 두세 마리의 암컷을 만나면, 상황이 돌변하면서 잔인한 공격이 감행된다. 이런 공격이 죽음을 낳는다면, 시간이 흐르면서 사태는 더욱 극

▲ 침팬지들은 소리를 지르고 그 반응을 듣는 식으로, 끊임없이 근처의 다른 침팬지들에 대한 정보를 얻는다.

▶ 사냥을 할 때, 몰이꾼들은 콜로부스원숭이를 나무 위로 몰고, 파수꾼은 원숭이가 도망치려는 길목을 지킨다. 추격꾼은 원숭이를 쫓고, 매복꾼은 포위 상황을 완전히 마무리한다.

적으로 전개될 수도 있다. 전체 집단이 파괴되는 것이다. 곰비에서는 '4년 전쟁'이라고 해서, 실제로 이와 같은 일이 일어났다. 북부의 카사켈라 집단에 속한 수컷들이 남부 카하마 집단의 어른 수컷 일곱 마리를 모두 죽인 것이다. 그들은 가부장적 권위를 갖고 있던 암컷 마담비와 다른 여러 암컷들도 죽였다. 그 뒤 카사켈라 집단은 카하마의 행동권이었던 곳으로 퍼져서 살아남은 어른 암컷과 새끼들을 흡수했다.

하지만 카사켈라 침팬지들은 그 새로운 공간을 그리 오래 차지하지는 못했다. 예전의 카하마 집단은 카사켈라와 더 남쪽의 강력한 집단 중간에 끼어서 완충 역할을 해 왔다. 그들이 사라지자 새로운 이웃은 카사켈라 침팬지들을 그들이 피 흘려 얻은 카하마 행동권 밖의 북쪽으로 내몰았다. 카사켈라 침팬지들은 오히려 자신들이 처음에 갖고 있던 행동권보다도 더 작은 영역을 차지하게 되었다.

사냥

침팬지들은 야생 멧돼지와 사슴, 원숭이들을 사냥하지만, 그들이 가장 좋아하는 먹이는 긴꼬

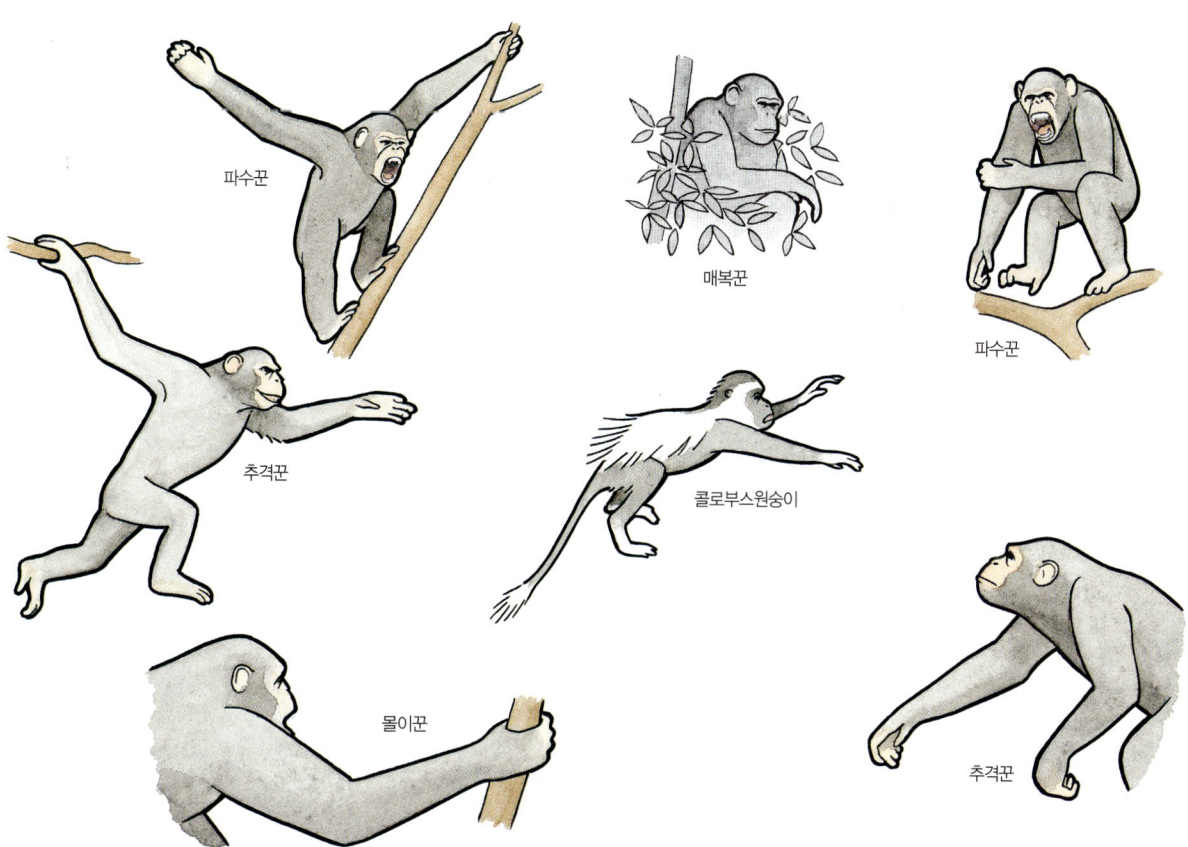

파수꾼

매복꾼

파수꾼

추격꾼

콜로부스원숭이

몰이꾼

추격꾼

리원숭이과의 콜로부스들이다. 이 원숭이들은 침팬지보다 훨씬 더 작아서 침팬지는 매달릴 수 없는 가느다란 나뭇가지로 뛰어오를 수도 있다. 타이의 울창한 숲에서는 머리 위를 뒤덮은 나무들이 거의 끝없이 이어지면서 원숭이들에게 수백 갈래의 도망칠 길을 열어 준다. 따라서 이 원숭이를 잡으려면 침팬지들은 서로 긴밀히 협력해야만 한다.

사냥에 나선 침팬지 수컷들은 대체로 네 가지 역할 중에서 한 가지를 맡는다. 우선 '몰이꾼'이 있는데, 이들은 실제로 쫓아다니지는 않으면서 콜로부스원숭이들을 높은 나뭇가지 위로 움직이도록 만든다. 대개는 젊고 경험이 적은 수컷들이 이 역할을 맡는다. 한편, '파수꾼'은 자신의 위치를 지키면서 원숭이들이 빠져 나갈 수 있는 길목을 봉쇄하는 역할을 한다. 그러면 '추격꾼'들이 나무에서 나무로 뛰어다니면서 행동에 들어간다. 추격꾼들은 원숭이를 어떤 나무로 몰아넣으면서 원숭이를 직접 붙잡을 수도 있다. 파수꾼은 일이 진행되는 데에 따라 위치를 바꾸면서 계속 자기가 맡은 역할을 한다. 마지막으로 '매복꾼'이 있다. 이 역할은 풍부한 경험과 고도의 기술, 냉철한 판단력을 가진 침팬지가 맡는다. 매복꾼은 미리 앞으로 뛰어나가 원숭이가 도망치려는 길목 바로 앞에서 매복한 채 기다린다. 도망치려던 원숭이는 결국 킬러와 맞닥뜨리게 되는 것이다.

사냥은 모든 침팬지 집단에서 이루어지지만, 필요한 고기의 양이 제각각 다르듯이 사냥에 나

◀ 새끼를 낳을 수 있는 암컷들은 사냥꾼 모임에 들어가, 사냥감을 죽이는 데 가담하기도 한다. 곰비의 침팬지 지지가 콜로부스원숭이를 사냥하는 동안 흥분으로 이를 드러내고 있다.

▲ 사냥을 배우는 데에는 몇 년이 걸린다. 수컷 침팬지는 열 살 때부터 견습을 시작하지만, 스무 살은 되어야 솜씨 좋은 사냥꾼이 된다.

 콜로부스원숭이의 개체수 변화

동물 집단의 크기와 행동은 환경에 의해 영향을 받는다. 먹이, 물, 잠자리 등의 요인이 그것들이다. 그런데 다른 생물 종도 환경 요인이 될 수 있다. 콜로부스원숭이들의 경우, 침팬지가 그렇다. 침팬지들은 시간만 있으면 나무에 사는 콜로부스원숭이들을 사냥한다. 먹이가 되는 것은 대부분, 어미가 놓친 새끼원숭이나 동작이 굼떠 도망치지 못한 어린 원숭이들이다. 침팬지가 공격해 오면, 콜로부스 수컷들은 함께 모여 암컷과 어린 새끼들을 보호하려고 한다. 침팬지들에게 뛰어오르고 물고 쫓아내기도 한다. 침팬지가 두세 마리에 불과할 때에는 콜로부스원숭이들이 우격다짐을 해서 침팬지들을 쫓아내기도 한다. 그래도 침팬지들은 여전히 많은 콜로부스원숭이들을 죽이고 있다. 곰비에서는 원숭이 사망 원인의 35%가 침팬지 때문이다. 이들 중 $\frac{2}{3}$ 는 어린 새끼와 조금 자란 원숭이들이다. 따라서 침팬지들은 콜로부스 집단의 연령 분포에도 커다란 영향을 미친다고 할 수 있다. 또한 원숭이의 사회 생활에도 영향을 미친다. 침팬지들의 사냥이 자주 있을수록, 콜로부스의 무리는 점점 작아진다.

◀ 사냥꾼들은 콜로부스원숭이의 고기를 찢고 뼈를 부수어 골수를 먹는다.

▶ 보노보의 무리. 보노보의 집단은 침팬지의 집단보다 훨씬 더 커서 40~120마리의 개체로 이루어진다.

서는 빈도도 천차만별이다. 타이의 경우, 침팬지들은 정기적으로 사냥을 한다. 1년 평균 250차례에 걸쳐 125마리의 콜로부스원숭이를 사냥한다. 곰비의 침팬지들은 1년 평균 66마리밖에 잡지 못한다. 우간다의 부동고에서는, 지금까지 단두 차례의 사냥이 목격되었다. 기니의 보수에서는, 침팬지들의 사냥이 8년 동안 다섯 번 목격되었을 뿐이다. 고기는 영양가가 높기는 하지만, 침팬지의 생존에서 그렇게 중요한 의미를 갖는 것 같지는 않다.

침팬지들이 사냥하는 세세한 방법도 집단마다 다르다. 곰비의 침팬지들은 단독 사냥을 잘 한다. 곰비의 단독 사냥꾼들은 타이의 단독 사냥꾼들에 비해 다섯 배나 많은 콜로부스원숭이들을 잡는다.

★ 침팬지들은 금방 죽은 시체를 발견해도 그 고기를 먹지 않는다. 그들은 마치 죽은 침팬지를 대할 때처럼, 불안하고 당황한 듯한 소리를 내면서 시체에 손을 댔다가 손가락 냄새를 맡는다.

다른 침팬지 다루기

고기는 영양면에서의 가치는 물론, 교환 가치도 갖고 있다. 침팬지들이 미숙하나마 거래를 할 줄 안다는 것이다. 다른 형태의 사회적 조정과 더불어, 물건을 줌으로써 호의를 살 수 있다는 것은 사회성이 얼마나 발달했는가를 말해 준다. 사냥에 성공한 뒤에 열리는 잔치는 고도의 사회성을 보여 준다. 대개는 먹이를 잡은 침팬지가 그 일부를 다른 침팬지들과 나눠 먹는데, 그는 살점을 뜯어 건네준다. 서열이 낮은 침팬지는 높은 침팬지들에게 고기를 달라고 여러 차례 구걸한다. 고기가 공평하게 분배되거나 아무렇게나 나누어지는 것은 아니다. 어떤 수컷들의 지위는 승인을 받지만, 어떤 수컷들은 타격을 입는다. 절친한 친구들은 더 많이 얻고, 마음에 들지 않는 친구는 조금밖에 얻지 못한다. 때로는 으뜸 수컷이 자기 밑의 수컷에게 고기를 요청하면서 엄격한 서열이 붕괴되기도 한다. 그리고 새끼를 낳을 수 있는 암컷들은 일시적으로 일부 수컷들보다도 높은 서열에 오른다.

먹이를 나누어 먹는 것은, 빚을 갚거나, 빚을 지거나, 비위를 맞추는 과정이라고 할 수 있다. 탄자니아 마할리의 강력한 으뜸 수컷 스토기는 가끔씩 원숭이를 잡아서 다른 침팬지들과 나누어 먹었다. 그러면서 그는 용의주도하게 수익을 계산했다. 스토기는 나이가 많은 중간 서열의 수컷들에게만 고기를 주었다. 청장년층의 수컷에게는 절대로 고기를 주지 않았다. 그는 고기를 나누어 주면서, 자신의 경쟁자들에 맞서 동맹을

◄◄ 사냥이 끝난 뒤 침팬지가 다른 침팬지에게서 고기를 얼마나 얻을 수 있는가는 그들 사이의 관계, 그들의 나이와 서열, 그리고 나눠 먹을 고기의 양에 달려 있다.

▲ 곰비에서, 암컷 패션과 그 가족이 새끼침팬지를 잡아먹고 있다.

▶ 침팬지들은 사회적으로 셈을 중요시한다. 으뜸 수컷의 협력자도 특별한 특권을 부여받지 못하면 충성을 저버릴 것이다.

★ 침팬지들은 표정을 숨기지 못하는 것 같다. 때때로 장난치려는 의도를 숨기고 싶으면 침팬지들은 놀이 표정을 감추려고 애쓴다.

형성할 수 있는 침팬지들과의 가장 유용한 관계에 투자를 하고 있었다. 자신을 지지해 준 보답으로 고기를 준 것이다.

먹이를 나누어 먹는 일이 때로는 암컷을 유혹하는 방편이 될 수도 있다. 새끼를 가질 수 있는 암컷들이 다섯 마리 이상 있을 때, 곰비 침팬지들이 사냥에서 성공할 가능성은 절반 정도에서 거의 확실한 수준까지 올라간다. 사냥꾼들이 성공한다면, 암컷들은 분명히 고기를 얻을 수 있을 테고, 그 인심 좋은 수컷들과 짝짓기를 할 것이다. 타이의 경우는 특히 더 그래서, 그 곳의 암컷들은 고기 나누어 먹기에서 높은 지위를 갖는다.

사회적 지능

'이합집산' 의 생활 양식이 낳은 끊임없이 변화하는 사회상에 대처하기 위해서, 침팬지들은 매순간 어떤 행동을 취할지를 결정해야 한다. 우선 그들은 다른 개체를 인식하고 그 개체와의 관계에서 일어날 일을 예측해야만 한다. 곰비에서 일어난 무서운 사건은 좋은 예이다. 드물지만 침팬지도 동족을 잡아먹는 경우가 있다. 높은 서열의 암컷 패션이 이 경우인데, 길카의 첫째 새끼를 잡아먹었다. 1년 뒤 패션이 길카와 그의 둘째에게 접근하자 길카는 비명을 질렀다. 길카가 두려워하는 것은 당연했다. 그리고 패션은 그 둘째 새끼마저 잡아먹었다.

또한 침팬지들은 다른 개체들과의 관계도 제대로 인식해야만 한다. 그래야만 어떤 행동을 취해야 할지 알 수 있기 때문이다. 침팬지들은 다

른 침팬지들 사이에서 어떤 일이 일어나는지도 잘 알아야 한다. 어떤 침팬지들이 협력자이고, 어떤 침팬지들이 경쟁자인지, 어떤 침팬지들이 혈연 관계인지 알아야 한다는 것이다. 이런 제3자들간의 관계도 침팬지들에게는 중요할 수 있기 때문이다. 침팬지 생활의 많은 부분이 여러 개체들 간의 복잡한 상호작용으로 인해 일어나기 때문에, 침팬지의 사회성은 특히 중요하다. 모든 침팬지는 자신이 다른 침팬지들과 어떤 관계에 있는지는 물론, 다른 모든 침팬지들이 서로 어떤 관계에 있는지도 파악해야 한다. 예를 들어, 곰비의 하급 침팬지들은 페이븐에게, 적어도 으뜸 수컷인 그의 동생이 주위에 있을 때만큼은, 존경을

표해야 한다는 것을 알고 있었다.

이런 인식은 침팬지들이 서로를 잘 다룰 수 있음을 뜻한다. 곰비의 젊은 암컷 푸치가 서열이 높은 암컷 키르케가 먹고 있던 바나나에 손을 뻗어 한 개를 잡자, 키르케는 푸치를 위협했다. 푸치는 비명을 지르며 도망가더니 몇 분 뒤 늙은 수컷 헉슬리와 함께 돌아왔다. 푸치는 헉슬리와 특별한 친분 관계에 있었다. 든든한 헉슬리를 곁에 둔 푸치는 키르케를 위협했고, 키르케는 다른 곳으로 가 버렸다. 푸치는 헉슬리와의 관계를 사회적 도구로 이용한 것이다. 푸치는 키르케가 자기보다는 서열이 높지만 헉슬리보다는 서열이 낮다는 것을 알고 있었고, 헉슬리가 자신을 지지할

것을 알았다. 결국 푸치는 헉슬리와의 관계, 그리고 헉슬리와 키르케 간의 서열 차를 이용해서 원래 목표를 달성한 것이다.

속임수

이런 종류의 행동이 조금만 더 나아가면 속임수가 될 수도 있다. 어린 침팬지가 공포에 질린 소리로 비명을 지르는 것은, 무엇인가를 두려워해서가 아니라 어미의 관심을 끌고 등에 올라타기 위한 것이기 쉽다. 수컷 피건은 어린 나이에 먹이에 대한 반응을 조절하는 법을 배웠다. 연구자들이 피건에게 몰래 바나나를 갖다 주었을 때, 그가 흥분한 소리를 질러 주위의 수컷들이 그 소리를 듣는다면, 분명 바나나를 빼앗길 수밖에 없었다. 피건은 먹이를 보고 끙끙거리는 소리를 목구멍 속에서 부드럽게 눌렀다.

어떤 개체는 다른 개체를 속이기 위해 무관심한 척하기도 한다. 고기를 좋아하는 플로는 아들 피건이 콜로부스원숭이를 먹는 동안, 그것을 못 본 체하면서 거의 15분이나 앉아 있었다. 플로는 계속 다른 곳을 쳐다보고 자기 털을 고르면서 점점 더 가까이 다가갔다. 손을 뻗으면 닿을 수 있는 거리가 되자 플로는 고기를 향해 돌진했다. 하지만, 피건은 이 일을 대비하고 있다가 다른 곳으로 뛰어갔다. 피건은 바나나를 얻을 수 없을 때에는 다른 침팬지들의 관심을 바나나로부터 돌려놓는 재주도 갖고 있었다. 피건은 좋은 먹이가 어디 있는지 알고 있다는 걸음걸이로 성큼성큼 걸어가곤 했다. 그러다가 다른 침팬지들이 쫓아오면 그들을 따돌리고 다시 돌아와 바나나를 먹었다.

이 모든 일은 의도적인 속임수이지만, '거짓말' 하는 침팬지가 정말로 속일 생각이 없었을 수

 **털고르기**

털고르기를 할 때, 침팬지는 다른 침팬지의 털을 갈라서 피부가 드러나게 한 뒤 찬찬히 살펴보면서 오물, 딱지, 진드기 같은 이물질을 집어 먹는다. 이따금씩 이빨 부딪치는 소리를 일부러 크게 내거나 입맛을 쩝쩝 다시기도 한다. 혈연 관계가 아닌 침팬지들 사이에서는, 털고르기가 특히 커다란 의미를 갖는다. 수컷들은 자기보다 높은 서열의 수컷에게 털고르기를 해 줄 때, 자기가 받는 것보다 오래 해 주는 경향이 있다. 친구들은 서로 간에 자주 털고르기를 해 준다. 둘 사이에 긴장이 흐르는 상황이면, 수컷들은 일을 무마하기 위해서라도 서로 털고르기를 해 준다. 암컷들은 가족 구성원 모두의 털을 골라 준다. 털고르기는 보살핌, 존경, 복종, 구애, 그리고 그 이상을 의미한다. 누가 누구의 털을 언제, 얼마나 오랫동안 골라 주는가 하는 것은 매우 중요한 문제이다. 이 단순한 행동은 가장 강력한 사회 관계의 도구가 된다.

다른 침팬지를 자기 의도대로 움직이기 위해서는 정교한 수완이 필요하다. 부탁하는 침팬지는 기회를 놓치지 않도록 조심해야 한다.

도 있다. 어미의 등에 업히고 싶어서 '공포'에 질린 비명을 지르는 새끼침팬지들은, 언젠가 무엇인가에 정말 놀라서 어미 등에 업혔던 경험을 갖고 있을지도 모른다. 그 경험을 한 뒤로, 새끼침팬지는 몸이 피곤할 때마다 공포에 질린 비명 소리와 업히는 일을 연결시킬 줄 알고 비명을 지르는 것이다. 그러면 어미는 '속아서' 업어 준다. 다시 말해 새끼가 놀랐다고 생각해서 업어 준다는 것이다. 하지만 새끼의 이 유용한 속임수는 의도적인 속임수가 아니다. 새끼는 그저 언젠가 어미의 등에 업히게 해 준 행동을 되풀이한 것뿐이다.

하지만 침팬지의 행동에서는 의도적으로 상대방을 속이려는 계략이 드러날 때가 많다. 젊은 수컷들은 서열이 높은 수컷들이 보이지 않는 곳으로 암컷들을 데려가서 짝짓기를 하곤 한다. 이 때에는 암컷들도 소리를 낮추어야 한다는 것

을 안다. 마치 두 마리 모두, 으뜸 수컷이 그 현장을 목격한다면 어떤 반응을 보일지 알고 있는 것 같다.

다른 침팬지를 조종한다는 것은, 그것이 직접적인 의사 소통에 의한 것이든, 아니면 먹이 나누어 주기나 털고르기, 속임수를 통한 것이든 간에, 침팬지의 중요한 본성을 잘 드러내 주고 있다. 침팬지는 무엇보다도, 고도로 사회적인 동물이다. 침팬지 한 마리 한 마리도 매우 놀라운 존재이지만, 그들에게 내재된 진정한 힘이 드러나는 것은 그들이 자연 상태에 있을 때, 즉 다른 침팬지들과 함께 야생의 존재로 남아 있을 때뿐이다. 지금은 약 20만 마리의 야생 침팬지들만이 그 특권을 누리고 있다. 보존이라는 측면에서 볼 때, 침팬지는 진정 너무나도 귀한 존재이다.

찾아보기